U0216956

本书由以下项目资助出版：

国家重点研发计划项目（2019YFE0194000）；

中国科学院重点部署项目（KFZD-SW-324）；

国家自然科学基金项目（31500391）。

绿色城市评价指标体系与实证研究

黄云凤　著

厦门大学出版社　国家一级出版社
XIAMEN UNIVERSITY PRESS　全国百佳图书出版单位

图书在版编目（ＣＩＰ）数据

绿色城市评价指标体系与实证研究 / 黄云凤著. --
厦门：厦门大学出版社，2022.6
　　ISBN 978-7-5615-8647-1

　　Ⅰ．①绿… Ⅱ．①黄… Ⅲ．①生态城市－评价指标－
研究－中国 Ⅳ．①X321.2

中国版本图书馆CIP数据核字(2022)第102668号

出 版 人	郑文礼
责任编辑	陈进才
封面设计	蔡炜荣
技术编辑	许克华

出版发行	厦门大学出版社
社　　址	厦门市软件园二期望海路 39 号
邮政编码	361008
总　　机	0592-2181111　0592-2181406(传真)
营销中心	0592-2184458　0592-2181365
网　　址	http://www.xmupress.com
邮　　箱	xmup@xmupress.com
印　　刷	厦门市竞成印刷有限公司

开本	720 mm×1 020 mm　1/16
印张	13.5
插页	2
字数	255 千字
版次	2022 年 6 月第 1 版
印次	2022 年 6 月第 1 次印刷
定价	50.00 元

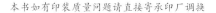

厦门大学出版社
微信二维码

厦门大学出版社
微博二维码

前　言

　　我国城市在取得高速度、高水平发展的同时，往往以资源和环境的不可持续利用为代价，城市的绿色转型发展刻不容缓。2007年，中国共产党第十七次全国代表大会第一次把"生态文明"写入党代会报告，报告明确指出"建设生态文明，基本形成节约能源资源和保护生态环境的产业结构、增长方式、消费模式。生态文明观念在全社会牢固树立"。2014年，中共中央和国务院联合发布《国家新型城镇化规划（2014—2020年）》，提出"绿色城市"理念，要求创新规划理念，"将生态文明理念全面融入城市发展，构建绿色生产方式、生活方式和消费模式"。2015年中共十八届五中全会提出"创新、协调、绿色、开放、共享"新发展理念，首次将"绿色"定为五大发展理念之一。2016年《中华人民共和国国民经济和社会发展第十三个五年规划纲要》（以下简称《"十三五"规划纲要》）提出生产方式和生活方式绿色、低碳水平上升，绿色发展被首次写入国家的五年规划。2021年《中华人民共和国国民经济和社会发展第十四个五年规划和2035年远景目标纲要》（以下简称《"十四五"规划纲要》）再次强调了绿色发展在我国现代化建设全局中的战略地位。"十四五"规划和2035年远景目标纲要提出，推动绿色发展，促进人与自然和谐共生。城市绿色发展已经成为我国新型城镇化战略的核心举措。在这重要发展时期，我们有必要对绿色城市发展过程和发展模式进行回顾、评价和研究。

　　基于此，本书重点研究针对国家新型城镇化进程中城市绿色发展的战略需求，围绕绿色城市理论基础，绿色城市指标体系的构建与完善，城市分类的评价标准与方法制定，绿色城市综合评估的集成方法和应用示范等关键问题开展理论、技术与应用研究。通过本研究的开展及示范应用,探索并建立起一套绿色城市综合考评的方法指南,服务于决策管理部门用于城市绿色发展过程中的问题诊断、绩效评估、动态跟踪和分类监管,对于推动全国范围内绿色城市的建设,提升城市综合竞争力和可持续发展潜力具有十分重要的战略指导意义和显著的社会环境生态效益。

绿色城市建设评价和理论研究是一项有重要意义的工作。本书基于中国科学院重点部署项目绿色城市考评的理论与方法研究完成了撰写。在本书的编写过程中,得到课题组以及一些专家、学者、同事和朋友们的全力支持,他们还对本书提出具有指导性和建设性的意见,在这里谨向他们表示诚挚的谢意。

最后应该指出,绿色城市评价涉及理论体系、指标体系、数据获取、数据处理、计算方法等问题,所以对绿色城市评价是一件比较困难的事情。因此,本书可能存在疏漏和错误,恳请各位读者给予批评指正。

著 者

2022 年 3 月

目 录

CONTENTS

图表目录

表目录

图目录

第一章
绪论

1.1　研究背景

　　城市是文明与经济增长的引擎[1]，世界城市人口超过农村人口在人类发展史上是具有划时代意义的历史事件[2]。城市已成为社会经济发展以及人类生产生活的主要载体，并且随着社会生产力及居民生活需求的提高，城市对人才、知识、科技、资金等资源的吸引力愈发强大。城市化作为衡量某一国家和地区发展城市的重要标尺，对研究城市发展进程意义重大。但同时，随着农村人口向城市的不断转移，城市资源紧缺、交通拥挤、社会犯罪率上升、环境污染、疾病扩散等"城市病"逐渐显现[3]，并随城市化发展持续严峻。

　　城市经济的快速增长和扩张往往伴随着能源消耗和环境污染，也制约和限制了城市的健康发展[4]。城市仅占世界陆地总面积的 1%，却拥有超过 54% 的人口[5]，消耗了全球 70% 以上的能源，排放了全球 70% 以上的温室气体[6]。随着全球城市化进程的飞速发展，全球城市人口将在 2030 年达到 50 亿[7]。伴随着城市经济的发展、人口规模的扩张，城市发展与资源环境之间的矛盾愈发突出。能源与土地资源低效利用、水资源短缺、环境污染都威胁着城市的健康发展[8-11]。因此，提高城市化的质量，寻求一条绿色可持续的城市发展道路已经成为全人类面临的重要挑战之一[12]。1991 年，联合国人居署和联合国环境规划署（UNEP）在全球范围内提出并推行的"可持续城市发展计划"[13]，初步推动了全球的绿色发展。1997 年通过的《京都议定书》标志着全球城市气候问题再次被推向了一个新的阶段[14]。2002 年，联合国开发计划署提出绿色发展，开启了全球绿色发展的潮流[15]。2005 年，联合国亚洲及太平洋经济社会委员会提出走绿色增长道路，指出在促进经济增长及发展的同时，确保自然资产能不断提供人类福祉所不可或缺的资源和环境服务[16]。2005 年,联合国环境规划署发布《绿色城市宣言》,呼吁改善城市生活质量,绿色城市被认为是应对城市危机和生态危机的有效途径,将会带来居民生活方式、科技创新和信息产业的深刻变革。

若以 18 世纪 60 年代英国工业革命为起点计算,城市化已有数百年历史。欧美、日本等发达国家基本上已步入城市化的后期阶段。中国作为世界上发展中的人口大国,自改革开放以来经历了大规模的快速城市化,中国城市化率已由 1978 年的 17.9% 增长到 2019 年的 60.6%[3],年均增长率为 1.04%,高于 2018 年世界城市化率 55.27%(年均增长率 0.42%)。如今的中国正处在快速城镇化的时期,目标是将城镇化率由 2018 年的 59.6% 提高到 2035 年的 80% 左右;这代表着在未来 17 年内,将有 2.8 亿农村人口进入城市。根据中国政策科学研究会执行会长郑新立的发言:"十四五"期间,预计平均每年将有 1 300 万以上的人口进入城市,这是人类历史上规模最大的城市化,不仅改变着几亿中国人的生产和生活方式,对全球经济也将带来重大影响。随着我国快速城市化发展,城市资源负荷能力及承载能力的矛盾更为尖锐;同时,城市居民对生活质量要求提高,人类发展需求与城市资源环境的关系更为紧张[17],因此积极建设可持续发展城市尤为重要,而了解改革开放以来中国城市化的发展历史以及城市发展中面临的问题是促进城市可持续发展的摸底工作和基础环节。

21 世纪 90 年代初,中国便开始寻找更加绿色可持续的城市发展模式,近年来对城市化质量的关注程度持续增加。1994 年,我国政府通过了《中国 21 世纪议程》,提出了促进经济、社会、资源、环境相互协调的可持续发展战略目标[18]。2014 年,中共中央和国务院联合发布的《国家新型城镇化规划(2014—2020年)》,提出了"绿色城市"理念。2015 年中共十八届五中全会将"绿色"定为五大发展理念之一[19]。2016 年发布的《"十三五"规划纲要》中提出生产方式和生活方式绿色、低碳水平上升,绿色发展被首次写入国家的五年规划。2021 年《"十四五"规划纲要》再次强调了绿色发展在我国现代化建设全局中的战略地位。"十四五"规划和 2035 年远景目标纲要提出,推动绿色发展,促进人与自然和谐共生。《"十四五"规划纲要》从资源利用效率、利用体系、绿色经济、政策体系四个方面对加快发展方式绿色转型进行了阐述。绿色发展已成为指导我国经济建设、社会发展、环境保护的第二代可持续发展观。它强调经济发展、环境保护及资源可持续利用的协调统一,改善资源的利用方式,实现人与自然的和谐共处和共同进步。但受自身发展各种主客观情况限制,我国城市绿色转型压力巨大,绿色城市的考核尚未引起足够的重视[20]。

对城市的绿色发展水平进行评估是绿色城市建设的重要环节与有效工

具[21]，需要建立一套较为全面且切实可行的评价指标体系。通过对城市绿色发展水平的评价与监测，既有助于了解城市自身的绿色建设与发展概况，还可比较不同城市之间的绿色发展情况，通过借鉴先进城市成功经验，找出与绿色城市目标之间的差距[22]，并结合具体城市发展的实际情况，具有针对性地为政府及相关部门提供促进其绿色发展的科学依据，从而制定出有利于城市绿色发展的规划与发展策略，对于提高城市发展的可持续性具有现实意义。然而，目前可用于明确城市发展和规划优先事项、满足监测和基准的需要以及比较评估不同城市的政策影响的工具很少[23]。对于绿色城市的评价指标与标准的确定，国际上还没有相关标准。由于不同国家、城市、地区差异较大，评价指标体系统计口径不同，指标的构建标准、选取依据均不统一，评价指标的灵活性、扩展性并不强，难以在大范围内推广应用，因此不具有普适性。此外，关于绿色城市评价指标体系的研究虽多，但经过官方认证的标准却不多见，这在一定程度上阻碍了我国绿色城市的建设与发展。

1.2 绿色城市评价目的和意义

1.2.1 国家战略需求分析

2007 年，中共十七大第一次把"生态文明"写入党代会报告，报告明确指出"建设生态文明，基本形成节约能源资源和保护生态环境的产业结构、增长方式、消费模式。循环经济形成较大规模，可再生能源比重显著上升。主要污染物排放得到有效控制，生态环境质量明显改善。生态文明观念在全社会牢固树立"。2014 年，中共中央和国务院联合发布《国家新型城镇化规划（2014—2020 年）》，提出"绿色城市"理念，要求创新规划理念，"将生态文明理念全面融入城市发展，构建绿色生产方式、生活方式和消费模式"。2015 年，中共十八届五中全会首次将"绿色"定为五大发展理念之一。同年召开的中央城市工作会议指出，城市发展要把握好生产空间、生活空间、生态空间的内在联系，实现生产空间集约高效、生活空间宜居适度、生态空间山清水秀。2016 年，《"十三五"规划纲要》提出"生产方式和生活方式绿色、低碳水平上升；能源资源开发利用效率大幅提高，能源和水资源消耗、建设用地、碳排放总量得到有效控制，主要污染物排放总量大幅减少；主体功能区布局和生态安全屏障基本形成"的生态环境质量改善目标。城市绿色发展已经成为我国新型城镇化战略的核心举措。

　　"十二五"期间,我国实现了从工业化中期到工业化后期的飞跃,2016 年中国城镇化率达到 57.35%,总体而言,我国正处于工业化后期、城镇化中期的重要阶段。联合国开发计划署发布的《2016 年中国城市可持续发展报告》指出,中国的主要城市在人类发展指数上均取得了良好成绩,医疗健康、教育、经济等方面的持续投资意味着这些城市已经达到了发达国家的发展水平。然而,这种高水平的人类发展往往以资源和环境的不可持续利用为代价:我国 657 个城市中有 300 多个属于联合国人居署评价标准中的"严重缺水"或"缺水"城市;2015 年 61.3%的城市地下水受到城市污水、生活垃圾、工业废料、化肥和农药的污染,水质分类为差和极差;东南沿海城市几乎所有土地都已被用于建设,一些城市的土地利用强度已超过 30%的国际警戒水平;城市能源需求量大,能源利用效率普遍较低,可再生能源使用量普遍较少,对煤炭的过度依赖严重影响了空气质量;2015 年 338 个地级以上城市中,有 78.4%的城市空气质量未达到国家二级标准,低于世界卫生组织规定的空气质量标准;2015 年城市产生的生活固体废物为 1.92 亿吨,年增长率为 8.38%,其中填埋处理占 63.9%,2/3 的城市存在垃圾围城问题。机遇与挑战并存的历史时期,城市发展必须更加注重品质。绿色经济的转型升级、绿色生活模式的构建推广、绿色基础设施的规划建设、绿色安全格局的保育营造等等,将是我国在新常态下进行新型城镇化所面临的关键问题。此外,我国城市发展在自然历史文化背景、资源环境承载能力、产业经济基础、要素禀赋等方面都体现出明显的区域差异性。例如东部一些城市密集地区资源环境约束趋紧,中西部资源环境承载能力较强地区的潜力有待挖掘;部分特大城市人口压力偏大,与综合承载能力之间的矛盾加剧,而中小城市集聚产业和人口不足;小城镇服务功能弱,增加了经济社会和生态环境成本等等。鉴于此,对于绿色城市的建设应在统筹布局的大前提下,坚持差异化管理的原则,因地制宜加强分类指导,选择不同区域、不同类型城市开展分类试点。

　　为顺应国家的战略发展需求,中国科学院积极推进"率先行动"计划,中国科学院国有资产经营有限责任公司(以下简称国科控股)发布《"联动创新"纲要》,提出成立中国科学院绿色城市产业联盟。该联盟是以中科实业集团(控股)有限公司(以下简称中科集团)为牵头单位,联合中国科学院(以下简称中科院)下属相关研究所及企业而组成的成果产业化应用推广联合体。通过发挥中科集团已有的产业化基础,加强与中科院研究所及企业紧密结合,面向绿色城市的重大技术需求,开展协同创新和成果转化,实现创新链与产业链有效嫁接,培育"绿色城市"领域的中科院骨干企业,培育该领域的中科院科技型企业群。随着联盟工作的深入开展,迫切需要对绿色城市考评的理论与方法开展研究,为绿色城市产业联盟的发展提供指导。

综上所述,探索并建立起一套绿色城市综合考评的理论与方法指南,不仅可服务于决策管理部门用于城市绿色发展过程中的问题诊断、绩效评估、动态跟踪和分类监管,而且对于推动全国范围内绿色城市的建设具有重要的战略指导意义和显著的社会环境生态效益。

1.2.2 研究科学意义

20 世纪 80 年代以来,我国政府或相关部门管理机构针对城市建设模式开展了诸多方面的探讨与实践,包括从社会文化方面出发的文明城市,保护城市生态环境的环保模范城市、园林城市、生态市,从居民健康出发的卫生城市和健康城市,以及强调居民居住舒适度的宜居城市等等,不同模式反映了特定时期对城市建设的理念和侧重角度有所不同。随着生态文明建设和绿色发展理念的提出,国家在衡量城市绿色发展质量和引导城市绿色发展方向等方面逐步进行了一些相关探索与实践。例如,住建部 2011 年发布的《绿色低碳重点小城镇建设评价指标(试行)》;为落实《生态文明建设目标评价考核办法》,国家发改委等四部委于 2016 年联合颁布了《绿色发展指标体系》;为弥补国内在绿色城市评价指标领域的不足,国家标准化管理委员会组织编制的《绿色城市评价指标》。然而这些实践在辨析绿色城市与之前相关城市发展理念的异同,探讨绿色城市是否对城市发展的可持续性有进一步的深化和贡献,以及剖析我国城市在绿色发展建设中存在的主要问题等理论层面的研究还尚待完善。因此,如何界定绿色城市的本质内涵和属性特质,以建立绿色城市核心理念的系统化认识和较为完善的理论基础,是本研究的一大重要科学问题。

实际应用上,现有的评价方法体系也仍存在一些问题。如评价体系的指标数目庞大,造成数据采集获取上存在难度,不利于开展大范围的城市评价工作;指标缺乏相应的评价标准,或是评价标准的确定缺乏稳健合理的科学定量依据;指标体系的应用往往倾向于采用"统一的标准"和"唯一的准则"进行优劣评判,而不利于更加全面地考量城市差异化的禀赋特性和所处的不同发展阶段,进而不能更有针对性地推进绿色城市的建设工作并实现分类考评、跟踪与管理。在当前大数据技术飞速发展的背景下,如何应用相关技术也是一个值得探索的重要问题。因此,如何完善现有指标体系的搭建,并开发一套可操作性强、适用范围广、标杆特征显著,且契合我国城市发展不均衡背景的指标评价方法指南,是项目需要着重解决的另一大科学问题。

绿色城市的评价是绿色城市理念的具体化[24]。为服务于绿色城市的建设,将绿色城市理念变成现实的可操作的管理模式,需要对城市的绿色发展进行评估,既能够了解城市当前的绿色发展程度以及未来的发展趋势,同时也有利于城市之间的比较,使得人们能够了解城市与绿色发展目标的距离,找出城市发展过程中存在的主要问题,帮助城市找到一条适合自身特点的绿色发展道路。因此,构建一套能反映绿色城市内涵的评价指标体系是绿色城市建设中的重要内容,有利于相关政府部门及管理者对城市绿色发展状况进行监察,了解城市的绿色发展状态,及时发现问题,并有针对性地提出绿色发展的对策与建议。绿色城市评价指标体系,要客观地反映城市绿色发展现状,找出城市的发展潜力与不足,并鼓励城市为绿色发展做出努力,对绿色城市的建设具有重要的现实意义。

1.3 绿色城市研究的主要内容

1.3.1 绿色城市理论研究

随着我国城市化的不断深入发展,建设绿色城市已经成为我国城市建设的重要发展方向。在对绿色城市的概念、内涵等理论研究上,本研究的主要内容包括:①通过前期资料整理,追溯"绿色城市"理念的来源、发展沿革、内涵特征等。对比绿色城市与生态城市、低碳城市、健康城市等相关的城市发展概念的异同,分析全球领域对城市可持续发展的愿景、目标和具体内容要求,界定绿色城市的本质特征和属性,为其指标体系的构建奠定基础。②阐明我国城市发展历史、现状和未来趋势,揭示我国城市化发展的特征,识别当前绿色城市建设存在的主要问题,明确绿色城市建设的必要性和紧迫性。拟重点解决的科学问题和关键科学问题为:①阐明绿色城市的本质特征和属性;②分析当前我国绿色城市建设存在的主要问题。

1.3.2 基于城市分类的绿色城市指标体系构建研究

(1)城市的分类研究,面向中国所有地级市以及面向特性性质的城市,研究并建立城市分类标准和方法;依据城市发展的基本规律和要素,收集汇总城市的相关基本数据,采用多种城市生态学方法进行城市分类的研究和模拟,包括城市分类指标值的确定和量化过程,最终确定适于绿色城市的分级分类结果。

(2)指标体系构建的原则研究。在理论研究的基础上,确定指标体系构建的框架模型,明确指标选取的原则。

（3）国外相关指标体系借鉴研究。对比北美、欧洲、亚洲等其他国家或地区已有的与绿色城市相关的评价指标体系，建立结构化的评判准则，对各相关指标体系进行比选借鉴。

（4）国内相关政策、法规及标准研究。从顶层政策法规到部门行业规范标准，系统梳理国内相关文献，分析我国绿色城市建设的政策背景和重点领域。

（5）城市分类与评价指标的对接研究。基于城市分类结果和国内外评价指标遴选结果，基于能源、环保、交通等方面构建系统化、层次化、针对性的指标体系，同时划分指标的管理类别。

1.3.3 绿色城市评价指标体系与实证研究

尽管对绿色城市的评价指标体系正在逐步发展，但指标体系如何科学公平地对不同类型的城市进行评价、如何提升指标体系的稳定性与灵活性等问题依然有待深入研究。

本探究对绿色城市评价指标体系的主要研究思路，如图1-1所示，基于对全国大范围地区进行评价的目的，从生产、生活、生态三个维度建立出一套科学的、符合绿色城市理念的评价指标；基于城市功能与发展阶段对我国城市进行分区分类，并对不同类别的城市分别设立权重系数，实现对不同类型城市的差异化评价[25]；在绿色城市评价指标的基础上，提出了科学稳定的、具有可比性的指标标

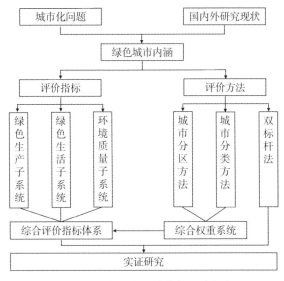

图 1-1　绿色城市评价指标研究框架

Fig.1-1　Research framework of the evaluation index of green city

准化方法——双标杆法,通过选取适宜的标杆值,明确了各指标的得分上限与得分下限,提升了指标体系的稳定性,使得指标体系能避免样本城市的变化所带来的影响;最后选取我国省会城市、直辖市与计划单列市共 36 个城市进行实证研究,结合地理区划探寻我国城市的绿色发展规律与面临的挑战。

1.3.4 绿色城市综合评价方法研究

研究多目标评估的集成方法,结合利益相关者的权重分析手段,通过不同的权重情景设置,对典型城市的绿色发展水平进行综合分析,为指标体系的进一步完善优化提供实证依据。

本研究总体技术路线如图 1-2 所示。

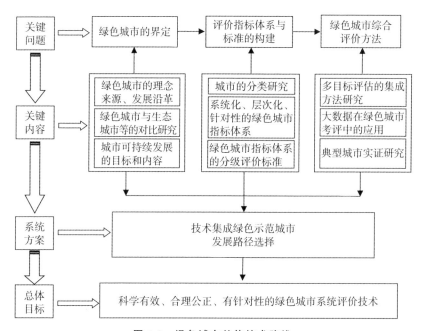

图 1-2 绿色城市总体技术路线

Fig.1-2 The overall technology roadmap for the green city

1.4 研究的创新点

(1)在绿色城市评价指标的选取上,解析不同分辨率遥感数据、中国统计年鉴、气象站点数据等多源城市大数据,揭示基于城市分类的绿色城市内部结构,探明绿色城市结构与社会发展的关联,采用多源数据融合、空间统计分析等多种城市生态学研究方法,解决绿色城市评价指标选取中大数据带来的挑战问题,在学术思路上具有创新性。

(2)在绿色城市评价指标体系的构建上,考虑到中国地域广阔,各城市由于地理位置、功能、资源和文化等自身情况的差异性决定了其特殊的城市定位和不同的建设基础,因此本研究在明确城市分类标准和方法的基础上,面向中国所有地级市或面向特性性质的城市进行城市分类,基于城市分类建立系统化、层次化、针对性的评价指标体系,体现研究思路和方法的创新。

(3)在绿色城市指标评价标准的制定上,本研究建立样本城市基础信息数据库,进行国内国外指标标杆分析,并综合部门调研、专家咨询、公众参与等研究手段,力求制定合理、公正的绿色城市评价标准,此外,文献研究法、模型分析法、归纳法、多学科综合研究法、数理统计分析法等理论思维方法也在本研究中得到体现和应用,体现了研究方法的创新。

1.5 中国城市发展的历史阶段

1.5.1 城镇化启动阶段(1978—1985 年)

中国改革首先从农村开始,农村经济体制改革推动了城镇化的发展,出现了"先进城后城建"的现象。1978 年,中国农村家庭联产承包责任制的普遍推行,使中国农业呈现出持续高速增长的态势,农民收入大幅提升,小型乡镇企业得以发展,中国农村社会掀起有史以来的第一个工业化浪潮[26];另一方面,随着改革开放政策的推行,确定了社会主义市场经济的重要地位,对城市中不适应生产发展的管理体制进行改革。该阶段,"城市搞工业,农村搞农业"的二元体制被打破并逐渐形成城市工业化与农村农业化同时发展的新的城乡二元格局[27]。中国城市化率由 1978 年的 17.92% 上升到 1985 年的 23.71%,中国城市化取得了长足发展。

1.5.2 城市化缓慢增长阶段(1986—1995 年)

该阶段,中国城市建设较快发展。1984—1986 年的"撤社建乡"后,国家在1991—1994 年对乡镇实行"撤、扩、并",建制镇新增数量达 7 750 个;1986 年,在中国"建市"标准重新修订后,县级市数量也大幅增加。1992 年,国务院再次修订小城镇建制标准,促进了小城镇的发展;另一方面,工业化对城镇化的推动作用比较明显。在国内市场需求拉动和外向型经济发展模式支持下,沿海地区的轻工业迅速发展,对劳动力的需求增加,但由于该阶段农民主要是通过新兴乡镇企业,故多是"离土不离乡"。因此,城镇化增速明显低于工业化推进速度,城镇化发展较为缓慢,由 1986 年的 24.5% 上升到 1995 年的 29.04%,年均仅提高0.53%,为中国改革开放以来城镇化发展最慢的阶段。

1.5.3　城镇化加速发展阶段(1996 年至今)

这一时期工业结构升级特点比较明显,工业化推进速度加快,工业化与城镇化的联系更加紧密。第二产业产值明显增加,但产业比重变化较小,20 多年间第二产业产值占比在 45% 左右波动。此外,在人口流动方面,农村外出务工人员数量剧增,并实现跨省、跨地区流动,且主要集中在就业机会相对密集的东部沿海地区。城乡之间的流动人口增加,保护农村外出务工人员的政策不断完善,城镇基础设施建设力度加大。这些都有力地推动了城镇化进程。到 2010 年,城镇化率达到 49.68%,年均提高 1.4 个百分点。据《中国人口流动发展报告》显示,中国人口流动规模从 2009 年的 2.11 亿人次增加到 2014 年的 2.47 亿人次,随后持续下降。截止到 2017 年,中国流动人口数量为 2.44 亿人次。而未来目标是我国城镇化率由 2018 年的 59.6% 提高到 2035 年的 80% 左右,这代表着未来 17 年,将有 2.8 亿农村人口进入城市,"十四五"期间,预计平均每年将有1300 万以上的人口进入城市。中国城市发展中如此大规模的人口迁移活动也从侧面反映了中国城市发展存在严重的区域不平衡性。

1.6　改革开放以后中国城市化发展特点

城市化,主要是指人口、非农产业向城市集聚,以及城市文明、城市地域向乡村推进的过程。现代意义的城市化起源于英国工业革命,伴随工业革命的进程,城市化扩散到欧美大陆。二次大战后,广大发展中国家开始城市化进程。2005年,联合国经社理事会人口部在其出版的《世界城市化展望》中估计,2008 年全世界有 50% 以上的人口居住在城市,标志着人类开始进入城市型社会。

伴随经济高速增长,我国进入快速城市化的发展阶段。快速城市化推动了我国大量剩余农业劳动力向非农业部门转移,加快了我国经济、社会和空间的转型。与此同时,城市居民的居住条件、城市各项服务设施和基础设施水平也有显著提升。因此,本节将重点分析改革开放以来中国城市化发展的特点和问题,由此引发对策思考。

1.6.1 城镇人口迅速增长

随着改革开放的深入开展,中国经济体制改革和产业结构不断调整优化,中国经济发展势头强劲,特别是二、三产业的发展对劳动力的需求刺激更多人口从农业生产中脱离出来进入城市,反过来促进了城市进一步的发展和扩张。中国城市化经历了加速发展阶段,主要表现在城市化水平提高,城市人口及比重上升。2011年,中国城镇人口达6.91亿,城市化率达51.27%,中国城市化首次突破50%(图1-3)。中国社会发展进入到以城市为主体的新纪元[28],但同时应该注意到城市人口的增多也带来了严重的城市问题,如何在保证中国城市化发展速度的同时保证中国城市发展质量,解决城市化进程中的问题是现阶段中国城市发展应重点关注的问题。

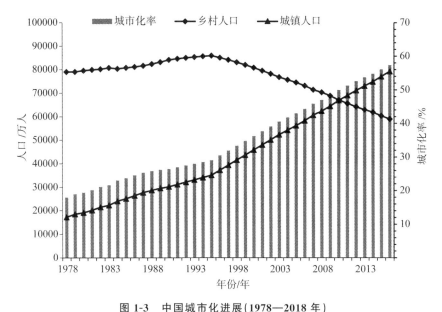

图1-3 中国城市化进展(1978—2018年)

Fig.1-3 The progress of urbanization in China(1978—2018)

1.6.2 城市化发展处于城市化中期阶段

从世界水平来看,改革开放初期,中国城市化发展远远滞后于世界平均水平,中国城市化水平还处于初级发展阶段。据世界银行统计:1978年,中国城市化率 17.9%,美国城市化率 73.7%,世界城市化率 39.7%,中国城市化率比美国低 55.8%,比世界低 11.8%,中国城市化水平极大地落后于以美国为代表的发达国家,明显落后于世界平均水平;2013 年中国城市化率达 53.73%,超过世界平均水平(图 1-4)。

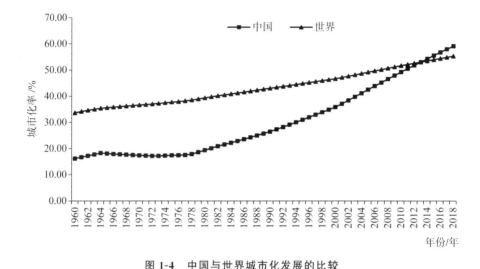

图 1-4　中国与世界城市化发展的比较

Fig.1-4　Comparison of urbanization development between China and the world

　　根据诺萨姆提出的城市化 S 形曲线(图 1-5),以城市化率表征不同的城市化发展阶段:1995 年以前,中国城市化率为 29%,是城市化的初级阶段,人口仍聚集在乡村,人口的城乡流动强度有限,区域发展仍以农业为主;此后中国城市化率超过 30%,处于城市化加速阶段,伴随着农业生产率的提高,农村出现大量剩余劳动力,与此同时,二、三产业进程加快,就业岗位不断增加,吸引农村人口

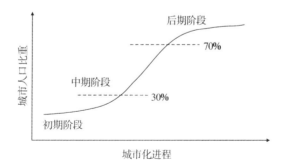

图 1-5　城市化进程的"S"形曲线

Fig.1-5　The "S"-type curve of the urbanization process

大量进城,城市人口持续增加;成熟阶段城市人口比重超过 70%,属于城市化发展的"后期阶段",人口城乡格局基本稳定,城市化发展明显放缓。

1.6.3 国内生产总值(GDP)与人均 GDP 变化

我国经济持续快速增长,1978 年 GDP(当年价格计算,下同)3 624 亿元,到 2018 年达 900 309 亿元,增长了近 250 倍;与此同时,人均 GDP 从 1978 年时的 379 元增长到 2018 年时的 64 644 元,增长了 170 倍(图 1-6),GDP 与人均 GDP 增长趋势高度一致,城市化的发展已经处于从量的积累阶段到质的飞跃的过程,在物质财富增长的同时人们对精神财富的需求越来越大,越来越重视城市结构与功能的完善。

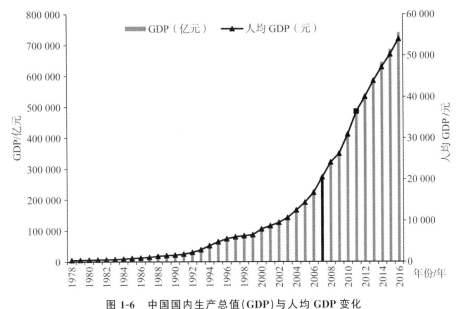

图 1-6　中国国内生产总值(GDP)与人均 GDP 变化

Fig.1-6　Changes of GDP and per capita GDP in China

1.6.4 产业结构调整明显

国家经济发展程度不仅取决于 GDP 的增长,更重要的是产业结构优化升级[29]。改革开放以后,我国经济快速增长的动力主要来自工业化。1985 年,我国三次产业比重发生质变,由过去的"二、一、三"产业格局上升为"二、三、一"。该时期,第一产业比重明显下降,第二产业长期以来位居国民经济发展的第一位,占比约 40%,而工业化快速发展的结果是高污染、高耗能、高排放问题日益严重,能源资源紧张,生态环境恶化。同期,中国大力推进产业结构升级,积极发展第三产业,从 1978 年的 23.9%,发展到 2018 年的 52.2%(图 1-7)。2012 年,三产比重首次超过二产比重,形成"三、二、一"的产业格局,并于 2015 年超过 50%,第三产业的优势地位愈加明显。

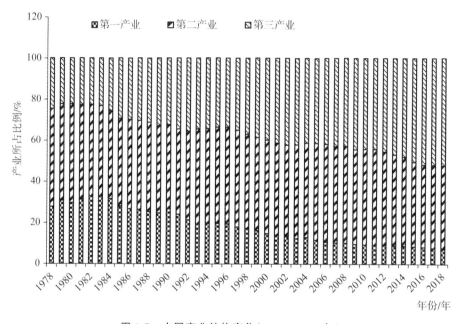

图 1-7　中国产业结构变化(1978—2018 年)

Fig. 1-7　Changes in China's industrial structure(1978—2018)

1.6.5　人民生活水平明显提高

1978—2018 年,城镇居民及农村居民收入均有了大幅提高。与 1978 年相比,2018 年城镇居民家庭人均可支配收入达 39 251 元,增加了 100 多倍,农村家庭人均纯收入 14 617 元,增加了 100 倍。人们通常以恩格尔系数评价居民生活水平的高低,该系数是由 19 世纪中叶德国统计学家恩斯特·恩格尔提出,当恩格尔系数 $e<25\%$ 时,为富裕型生活;当恩格尔系数 $25\%\leqslant e<45\%$ 时,为小康型生活;当恩格尔系数 $45\%\leqslant e<55\%$ 时,为温饱型生活;当恩格尔系数 $e\geqslant55\%$ 时,为贫困型生活。可以看出,1997 年后中国城镇居民为小康型生活,而直到 2006 年农村居民才步入小康生活(图 1-8)。

对城乡恩格尔系数进行比较,当城乡恩格尔系数差异程度小于 5% 时,可以认为城乡居民在生活质量上基本趋于一致;当差异程度在 5%~10% 时,生活质量差异较大,属于由二元结构向城乡一体化的过渡时期;当差异程度大于 10%时,则认为城乡生活质量还存在很大差异,城乡二元结构明显。纵观历年城乡居民恩格尔系数,1999 年城乡恩格尔系数差异为 10.5%,此后该差异大致呈逐年减小趋势,到 2018 年,城乡居民差异为 2.35%,我国仍处于城乡一体化过渡时期。

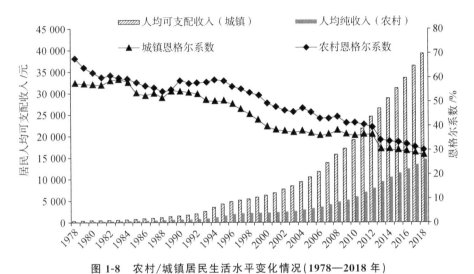

图 1-8 农村/城镇居民生活水平变化情况(1978—2018 年)

Fig. 1-8 Changes in the living standard of the rural / urban residents(1978—2018)

1.6.6 城市居民生活设施建设迅速

城市市政公用设施建设直接关系到城市居民的居住和生活质量,特别是生活设施建设。改革开放以来,计划经济向市场经济的转轨改变了城市基础设施健康的宏观环境,形成了新的城市基建格局,极大地促进了城市基础设施发展[30]。2004 年以来,经过 10 年城市用水及天然气建设基本达到全覆盖。2017年年底,全国城市供水总量达 594 亿吨,用水人口达 4.8 亿人,并且随着人民生活水平的提高,城市居民对水需求也越来越大,与水资源短缺和水污染对城市发展制约的现实形成对比,因此如何科学可持续地形成“供水—用水”链条是城市发展应首要解决的问题。在天然气建设方面,2017 年年底天然气供气总量1263.8 亿立方米,比上年增长 7.9%,用气人口达 3.39 亿,比上年增长 10%,天然气普及率达 96.3%。同样随着城镇数量的持续增长,对提高城市普及率水平以及利用效率的要求不断加深。在生活垃圾处理方面,2017 年全国城市生活垃圾清运量为 2.15 亿吨,无害化处理量为 2.10 亿吨,其中卫生填埋处理量为

1.20 亿吨,占 57.1%,焚烧处理 0.85 亿吨,占 40.5%(图 1-9)。

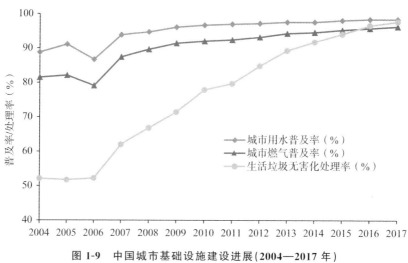

图 **1-9**　中国城市基础设施建设进展(**2004—2017** 年)

Fig. 1-9　Progress in urban infrastructure construction in China(2004—2017)

1.6.7　城市绿化快速发展

城市绿化是"美丽城市"建设的重要组成部分,一个城市的绿化状况直接影响到一个城市的形象甚至未来的发展。截止到 2017 年年底,我国城市绿地面积达 292.13 万公顷,是 2004 年城市绿地面积的 2 倍,绿化覆盖率从 2006 年的 35.1%增加到 40.9%,人均公园绿地面积达 14.0 平方米,城市环境治理和环境绿化建设取得重大成就(图 1-10)。越来越多的经验证据表明,城市公园的存在以多种方式有助于生活质量和公众健康。除了许多环境和生态服务外,城市公园还为人类社会提供重要的社会和心理益处,使人类生活充满意义和情感。根据 2003 年在阿姆斯特丹(荷兰)的城市公园的游客中进行的一项调查显示,城市环境中的自然体验是积极情感和身体健康的源泉,可以满足重要的非物质性和非消费性的人类需求。由此可见,城市公园对于绿色城市的发展,以及公众的身体和心理情感健康都起着不可或缺的作用。同时,在社会推行生态文明和绿色发展等主流价值观,提出生态文明建设与全面建成小康社会目标相适应的总体目标,并提出大力推进绿色城镇化等优化国土空间的要求,都旨在提高城市人居环境质量。

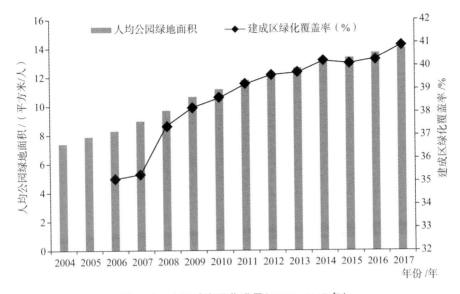

图 1-10　中国城市绿化进展（2004—2017 年）

Fig.1-10　Progress in urban greening in China(2004—2017)

1.6.8　城市道路交通运营现状

从数量上来看,2017 年年底公交车数量 58.34 万辆,比上年增长 8% 左右,增幅不明显。经过 10 年左右的发展,城市万人公交车数几乎保持在 6 辆左右,城市公共交通车数量明显不足,此外,拥挤、等待时间长等客观情况的存在,将会延误居民出行时间,故大多选择私家车出行;私人汽车拥有量从 2005 年年底的 1848 万辆增长到 2018 年的 20575 万辆,增长了 11 倍,增幅由 2010 年的 30% 下降到 2018 年的 11%,发展势头放缓。城市通行车的剧增,特别是私家车数量的增加造成更为严重的交通拥挤情况,进而带来严重的环境问题,与可持续的城市发展理念相左。虽然人均道路面积从 2005 年时的 3.00 平方米增长到 2017 年时的 5.67 平方米,同期道路面积增长近 1.89 倍,而城市通行车(仅公交车和私人汽车)增长超过 10 倍,城市道路体系仍面临较大的交通压力。

表 1-1　城市道路交通事业发展基本情况

Tab. 1-1　Basic information of the development of urban road traffic undertakings

年份(年)	2005	2010	2015	2016	2017
公交车数(辆)	313 296	383 000	502 916	538 842	583 437
轨道交通运营数(辆)	2 364	8 285	19 941	23 791	28 617

续表

年份（年）	2005	2010	2015	2016	2017
私人汽车数（万辆）	1 848	5 938	14 399	16 559	18 515
公交车增长率（%）	11.29	3.33	5.60	7.14	8.2
私人汽车增长率（%）	24.73	29.81	16.69	15.00	13.4
万人公交车数（辆）	2.40	2.86	3.66	3.90	4.20
人均道路面积（平方米）	3.00	3.89	5.22	5.45	5.67

1.6.9 城市发展资源消耗情况

2018 年，我国能源生产总量 377 000 万吨标准煤，比去年增加 5.2%，能源结构也有向清洁能源调整的趋势，其中原煤占比由 60.4% 下降到 59.0%，天然气以及风、水、核电等清洁能源由 20.8% 增加到 22.1%，如表 1-2 所示。

表 1-2　中国能源生产消费情况
Tab. 1-2　Situation of China's energy production and consumption

年份（年）	能源生产总量 （万吨标准煤）	能源消费总量 （万吨标准煤）	原煤 （%）	原油 （%）	天然气 （%）	水、风、核 （%）
2000	138 570	146 964	68.5	22	2.2	7.3
2005	229 037	261 369	72.4	17.8	2.4	7.4
2010	312 125	360 648	69.2	17.4	4.0	9.4
2015	361 476	429 905	63.7	18.3	5.9	12.1
2016	346 000	436 000	62.0	18.3	6.4	13.3
2017	358 500	448 529	60.4	18.8	7.0	13.8
2018	377 000	464 000	59.0	18.9	7.8	14.3

从能源供给缺口上看，1978—1992 年我国能源生产量一直大于消费量；1992 年后，能源消费量一直大于生产量，供给缺口不断加大。长期以来，煤炭仍然是我国能源消耗的主体，占比长期在 70% 左右。近年来清洁能源生产技术有所进步，其占比略有增加，但较之于煤炭和原油，天然气、水电、核电等消耗量仍只是少数，我国能源消耗仍以再生周期较长的资源为主，能源结构不尽合理；另一方面，我国人均能源需求量也在不断增加。

从能源使用效率上来看（图 1-11），采用万元 GDP 能耗是用来衡量能源消费水平和节能降耗状况的主要指标，反映经济结构和能源利用效率的变化。

1978 年以来,我国万元 GDP 能耗由 15.77 万吨标准煤/万元下降到 2018 年时的 0.42 万吨标准煤/万元,我国经济发展对能源的依赖程度逐渐降低,节能降耗工作取得突破性进展。

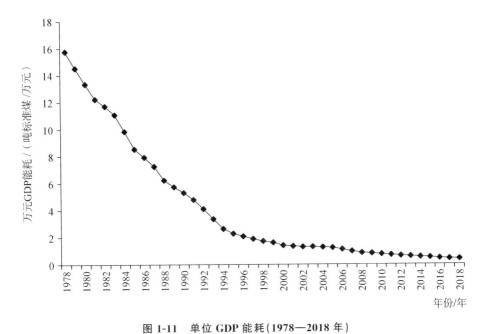

图 1-11　单位 GDP 能耗(1978—2018 年)
Fig. 1-11　Energy consumption per unit of GDP in China(1978—2018)

1.6.10　城市环境污染问题

1998—2017 年,中国城市废水、工业固废、生活垃圾和二氧化硫污染物排放量均呈上升态势(图 1-12)。二氧化硫排放量从 1998 年的 2 090 万吨增加到 2006 年的 2 589 万吨,在 2006 年之后排放量逐年下降,并在 2015 年大幅下降;2015—2017 年,二氧化硫排放量下降了 53%;废水排放总量长期呈增加趋势,2015 年排放总量达 735 亿吨,2017 年下降到 700 亿吨;2013 年前工业固体废弃物产生量持续增加,2013 年产生量最大,为 329 000 万吨,之后呈上下波动态势,2016 年下降 5%;生活垃圾清运量持续增加,经过近 20 年发展,垃圾清运量几乎翻倍,2017 年年底更是达 21 521 万吨。

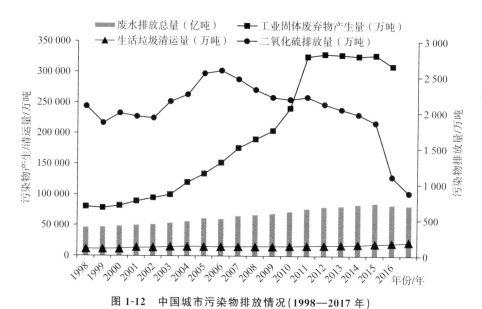

图 1-12　中国城市污染物排放情况(1998—2017 年)

Fig. 1-12　Urban discharge of pollutants in China(1998—2017)

在环境质量方面,从图 1-13 可以看出全国环境质量不容乐观,只在 2008—2013 年,环境达标率超过 60%,其他年份环境质量明显较差,特别是 2014—

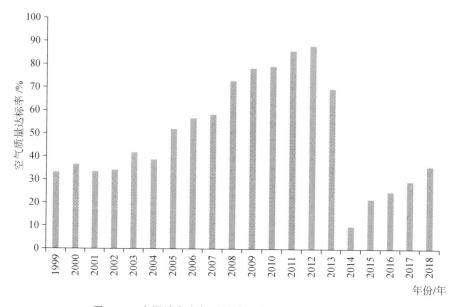

图 1-13　中国城市空气质量达标情况(1999—2018 年)

Fig. 1-13　Urban Air Quality Standards in China (1999—2018)

2017年，我国空气环境质量达标率不足30％，我国环境质量治理工程任重道远，特别是环境质量季节性变化显著，而且北方地区由于冬季采暖所导致的大气污染形势依旧严峻。

1.7 中国城市发展的未来趋势及特征

1.7.1 城市化速度逐步减缓

国际经验表明，城市化率50％～70％是城市化减速时期[31]。2018年中国城市化率为59.6％，已经进入城市化减速期。本研究运用趋势外推法预测了中国城市化率，结果表明，2019—2030年中国城市化增速趋缓，2020年和2030年城市化率分别为61.6％和69.6％；从历年城市化率增加情况来看（图1-14），2010年后中国城市化率以低于3％的速度发展。在经历过快速城市化发展后，城市问题也逐渐显现，环境污染、资源短缺、城市拥挤、城中村等现象严重，存在形式上的人造城镇化而忽视了城镇化的内涵。未来中国城市化进程将步入以提升质量为主的稳定增长阶段，城市化发展重点应实现由数量扩张向质量提升转变。

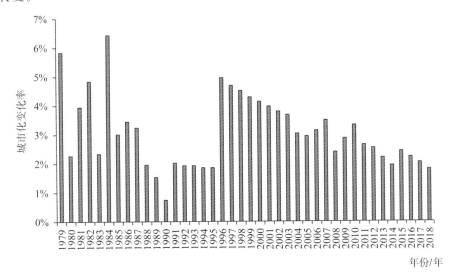

图 1-14 中国城市化发展变化情况（1978—2018年）

Fig. 1-14 Changes of urbanization development in China (1978—2018)

1.7.2 城市发展产业就业结构更加合理

相关研究表明,产业结构与就业结构具有趋同效应。从 1978 年开始,随着城市化和工业化进程的推进,我国第二产业就业份额不断上升,就业人员比重从 17.3% 上升到 2012 年的 30.3%,2018 年又下降到 28.1%。第一产业就业持续向第二、三产业转移,第一产业就业人员比重从 1978 年的 70.5% 大幅下降到 2018 年的 27.0%,年均下降率 1.1% 左右;第三产业就业人员稳固上升,形成与产业结构类似的"三二一"的就业结构(图 1-15)。由于城市发展越来越注重内涵发展,以环境和资源为代价的经济发展模式已不适应时代发展,以信息产业、服务业为代表的第三产业将成为推进城市化向纵深发展的后续动力。

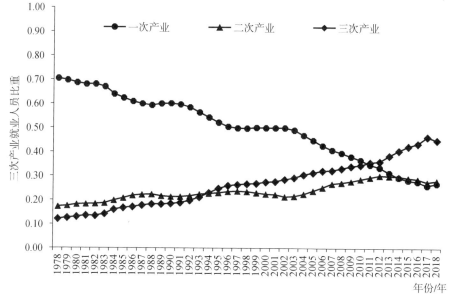

图 1-15　中国各产业就业人员变动趋势(1978—2018 年)
Fig. 1-15　Trend of employment in China (1978—2018)

1.7.3 城市发展更加重视环境问题

在环境问题日益受到关注的当下,国家颁布了诸多文件定下"巩固气、突破水、研究土"的环境治理的工作基调,全力推进"气十条""水十条""土十条"等重要文件的颁布实施。改善环境质量,为经济发展创造条件。不少城市启动城市治理专项工作,涉及治污减霾,市容环境治理等取得一定成效。同时,全国城市环境治理投资逐渐提高(图 1-16),2010 年投资额达 7 612.2 亿元,比上年增长

44.8%,2014 年国家环境污染治理投资额高达 9 575.5 亿元,城市环境治理力度不断加强。然而,城市园林绿化发展缓慢,其投资额在 2010 年达到 1 280.0 亿元后,近年来投资力度基本不变甚至有下降趋势。

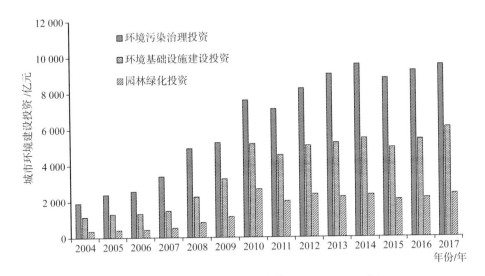

图 1-16　中国城市环境治理投资情况(2004—2017 年)

Fig. 1-16　Investment in urban environmental governance in China (2004—2017)

1.7.4　城市发展理念向可持续发展转型

中国城市化发展长期以来伴随着巨大的资源环境压力,粗放型的经济发展模式破坏了生态、污染了环境、影响了健康,给人们生产生活带来了较大的负效应,给城市的可持续发展带来了巨大的压力。十九大报告中提出的新目标中增加"美丽中国"建设,将生态文明建设再次提到国家发展战略的高度。从"田园城市""紧凑城市""精明增长"再到"生态城市""低碳城市""绿色城市",可持续的发展理念始终贯穿城市发展,着力缓解城市化发展过程中的巨大的资源环境压力,协调解决城市化问题,提高人们生存、生产、生活的质量和水平,最终形成良好的城市环境以及和睦的邻里和社区关系。此外,在个体层面上,随着生产力的发展和生活水平的提高,人们的消费动机和消费行为逐渐多元化,对产品的绿色、无污染的要求越来越高,倡导无污染的绿色产品和绿色消费行为,通过提高物质利用率,推进循环利用,减缓生产生活中造成的资源环境压力。

1.8 中国城市发展存在的主要问题

1.8.1 城市化由滞后转向过度发展

改革开放以来中国城市化虽然发展迅速,但相对于工业化和经济发展水平来说,中国城市化发展明显滞后。首先,从增长率来看,中国城市化率增长速度明显低于 GDP 增长率和人均 GDP 增长率;其次,从世界经验来看,当一国(地区)人均 GDP 超过 3 000 美元时,其城市化率会超过 50%。2008 年我国人均GDP 为 3 313 美元,而城市化率只有 46.9%,因此中国城市化落后于经济发展水平;最后,据经济学家分析,城市化率与工业化率的合理比例范围是 1.4~2.5,而在 2012 年之前,两者比值远小于合理比例,这表明工业化发展对城市化并没有起到很好的拉动作用。2013 年后,两者比值大于 1.4,城市化滞后于工业化的格局逐渐打破,经过 5 年发展,到 2018 年城市化发展远超过工业化,相差25%左右(图 1-17),城市化发展速度超出了它们能维持的工作岗位和住房[32]。

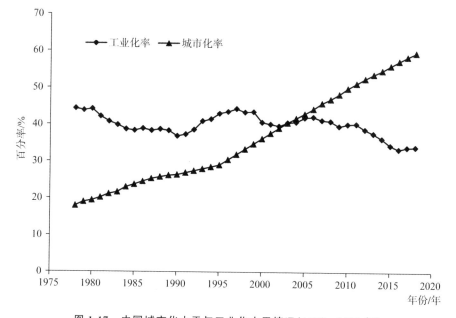

图 1-17 中国城市化水平与工业化水平情况(1978—2018 年)

Fig. 1-17 The level of urbanization and industrialization in China (1978—2018)

1.8.2　区域经济发展不平衡

我国地域广大,各地经济发展水平历来存在较大差异。1990 年以来,沿海地区利用有利的区位条件和人文环境优势,率先融入经济全球化的进程。由于沿海地区经济的高速增长吸引了中西部地区的大量农村人口,使其城市化速度大大加快,并导致城市化水平的省际差异比较显著。从省际差异来看,2017 年,城市化水平最高的上海(87.7%)与城市化水平最低的西藏(30.9%)之间的城市化率差值超过约 57%;同期,城市化率大于全国平均水平的城市也主要集中在东部地区北京、天津、江苏、广东等地,明显高于宁夏、新疆、甘肃等地(图 1-18)。总的趋势是:东部沿海地区的城市化水平较高,中部地区居其次,西部地区的城市化水平最低。

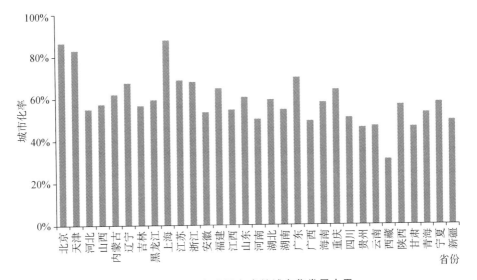

图 1-18　2017 年中国各省份城市化发展水平

Fig. 1-18　Urbanization development level in Chinese provinces in 2017

从区域差异来看,改革开放以来我国受东部地区快速工业化的影响,城市化呈现“东高西低”的发展格局。据 2016 年数据显示,我国东部、中部、西部、东北部城镇人口比例计算,四个地区城市化率分别为 65.9%、52.8%、50.2% 和 61.7%;此外,从区域产值上看(图 1-19),近年来东部地区产值明显高于中部、西部及东北地区,且新兴产业发展迅猛,成为全国人口流动的主要集聚地,此态势可能会进一步加剧我国人口结构和地区发展的失衡。

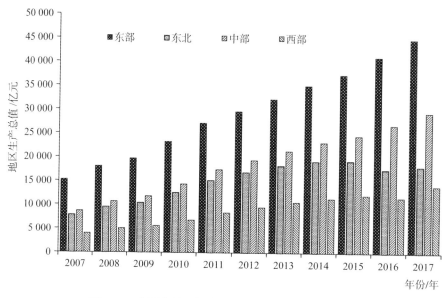

图 1-19　中国分地区经济发展状况(2007—2017 年)

Fig. 1-19　Regional economic development in China (2007—2017)

1.8.3　城市人口老龄化问题突出

从年龄结构上看,我国人口年龄结构呈明显的"两头小中间大"的分布形态,1978 年起,我国出生率以年均 20‰左右的速度增加,到 1990 年出生率持续下降,到 2006 年维持在 12‰左右的水平,年均自然增长率在 5‰左右;2012 年我国 15～59 岁劳动年龄人口首次出现绝对下降,人口红利消失。2000 年我国 65 岁以上老人数量达 8 821 万人(图 1-20),占总人口的 6.96%,我国进入老龄化社会,成为"未富先老"的发展中国家。近年来,我国老龄化现象持续加剧,2018 年我国老年人口数量达 16 658 万人,老龄化水平达 11.9%,这严重影响着我国社会经济的可持续发展。党的十八大报告指出,到 2020 年我国基本实现工业化,信息化水平大幅提升、城市化质量明显提高;党的十九大报告指出,到 2035 年基本实现社会主义现代化,而伴随着工业化、信息化、城镇化、农业现代化的持续发展进步的是我国严重的老龄化现象,届时将对我国劳动力市场、社会经济、社会文化等产生深刻且直接的影响。2021 年 5 月 11 日,第七次全国人口普查数据结果公布,数据显示我国 60 岁及以上人口有 2.6 亿人,在整体人口中的比重达到 18.70%,其中,65 岁及以上人口为 19 064 万人,占 13.50%。人口老龄化程度进一步加深,未来一段时期持续面临人口长期均衡发展的压力。人口老龄化将减少劳动力的供给数量、增加家庭养老负担和基本公共服务供给的压力,同时也促进了"银发经济"发展,扩大了老年产品和服务消费,还有利于推动技术进步。

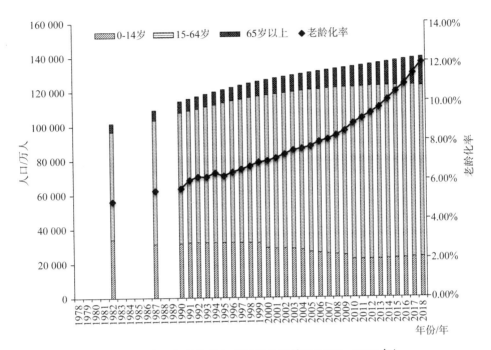

图 1-20　中国年龄结构与老龄化发展情况(1978—2018 年)
Fig. 1-20　Age structure and development of aging in China (1978—2018)

1.8.4　城市基础设施建设滞后于需求

城市基础设施建设与城市化相互促进,城市居民需求直接影响城市基础设施的完善度。基础设施涉及与居民生活息息相关的水、电、气、卫生、交通,决定居民衣、食、住、行的品质。目前,我国基础设施建设尚不完善,全国各地区发展不平衡,基础设施建设完善度一定程度上跟经济发展水平呈正相关。根据《2016年度中国主要城市交通分析报告》,2016 年全国 1/3 的城市通勤受阻,32 个城市高峰拥堵延时指数超 1.8,一线城市和省会城市拥堵程度最高,这些地方都是城市化发展快且人口集中区域。此外,每千人口医疗卫生机构床位数增长缓慢,从2010 年到 2017 年城市医疗卫生机构床位数年均增长 0.4 张左右,医疗卫生基础设施建设仍未满足居民需求。在今后的城市发展过程中,应逐渐将城市建设的重心从城市的无序扩张向环境治理、强化基础、完善城市功能转移,将投资重点放在功能性的基础设施建设上来[33]。

1.8.5 城市风险管理意识有待加强

随着人类对生态环境的影响增强,常规的自然变化与污染排放等人为影响的叠加,容易引发大量突发性自然灾害,如 2008 年的汶川地震、2012 年的华北暴雨和 2016 年的"莫兰蒂"台风等自然风险。此外,道路交通事故层出不穷,据统计,每年约有数以十万计的人丧生于交通事故。城市安全问题仍是城市建设的重中之重。传统的防灾理念建立在人与自然对立的基础上,这显然不符合人与自然和谐共生的发展理念。新型防灾理念建立在整体生态观基础上,通过生态和社会等工程手段,保持自然与社会系统的自然动态活力。正在步入现代化的中国城市,随着非农产业和人口的集聚,产生大量高密度建筑群落的建立、人口迁移与结构的变化,居民生活方式的改变等等[34]。在城市快速发展的同时,新的隐患和危机也在快速发展,加快探索发展"韧性城市""海绵城市""智慧城市",以期提高城市的风险承受能力。

参考文献

[1]MUSA H D, YACOB M R, ABDULLAH A M, et al. Delphi Method of Developing Environmental Well-being Indicators for the Evaluation of Urban Sustainability in Malaysia [J]. Procedia Environmental Sciences, 2015, 30: 244-249.

[2]CRANE P, KINZIG A. Nature in the Metropolis[J]. Science, 2005, 308(5726):1225.

[3]宁越敏. 中国城市化特点、问题及治理[J]. 南京社会科学, 2012(10):19-27.

[4]WANG N, LEE J C K, ZhANG J, et al. Evaluation of Urban Circular Economy Development: An Empirical Research of 40 Cities in China[J]. Journal of Cleaner Production, 2018,180: 876-887.

[5]VIERIKKO K, ELANDS B, NIEMELA J, et al. Considering the Ways Biocultural Diversity Helps Enforce the Urban Green Infrastructure in Times of Urban Transformation [J]. Current Opinion in Environmental Sustainability, 2016, 22: 7-12.

[6] COHEN B, MUNOZ P. Sharing Cities and Sustainable Consumption and Production: Towards an Integrated Framework[J]. Journal of Cleaner Production, 2016,134: 87-97.

[7]王小鲁. 中国城市化路径与城市规模的经济学分析[J]. 经济研究, 2010, 45(10): 20-32.

[8] SUN C, TONG Y, ZOU W. The Evolution and a Temporal-spatial Difference Anal-

ysis of Green Development in China [J]. Sustainable Cities and Society，2018，41：52-61.

［9］CAI B，LU J，WANG J，et al. A Benchmark City-level Carbon Dioxide Emission Inventory for China in 2005 [J].Applied Energy，2019，233-234：659-673.

［10］LIU H，FANG C，ZHANG X，et al. The Effect of Natural and Anthropogenic Factors on Haze Pollution in Chinese Cities：A spatial Econometrics Approach [J].Journal of Cleaner Production，2017，165：323-333.

［11］孙莉，吕斌，周兰兰. 中国城市承载力区域差异研究[J]. 城市发展研究，2009，16（03）：133-137.

［12］PELOROSSO R. Modeling and Urban Planning：A Systematic Review of Performance-based Approaches [J].Sustainable Cities and Society，2020，52：1-11.

［13］赵景柱，崔胜辉，颜昌宙，等. 中国可持续城市建设的理论思考[J]. 环境科学，2009，30(04)：1244-1248.

［14］孙静. 面向可持续发展的低碳城市评价方法与案例研究[D]. 北京:中国科学院大学,2018.

［15］SONG X，ZHOU Y，JIA W. How do Economic Openness and R&D Investment Affect Green Economic Growth？—Evidence from China [J]. Resources，Conservation and Recycling，2019，146：405-415.

［16］OECD. Towards Green Growth[EB/OL]. OECD. Paris.(2011-05-25)[2020-03-06]. http://www.oecd.org/greengrowth/48728959. pdf.

［17］方创琳，王德利. 中国城市化发展质量的综合测度与提升路径[J]. 地理研究，2011，30(11)：1931-1946.

［18］YANF B，XU T，SHI L. Analysis on Sustainable Urban Development Levels and Trends in China's Cities [J]. Journal of Cleaner Production，2017，141：868-880.

［19］姚琴琴. 福建省绿色城市发展研究[D]. 福州:福州大学,2014.

［20］付金朋，武春友. 城市绿色转型与发展进程溯及[J]. 改革，2016(11)：99-108.

［21］ELGERT L. Rating the Sustainable City：'Measurementality'，Transparency，and Unexpected Outcomes at the Knowledge-policy Interface [J]. Environmental Science & Policy，2018，79：16-24.

［22］DALMO MARCHETTI，RENAN OLIVEIRA，ARIANE RODER FIGUEIRA. Are Global North Smart City Models Capable to Assess Latin American Cities? A Model and Indicators for a New Context[J]. Cities，2019，92:197-207.

［23］向雪琴. 低碳城市评价标准化及案例研究[D]. 北京:中国科学院大学,2019.

［24］WANG M-X，ZHAO H-H，CUI J-X，et al. Evaluating Green Development Level of Nine Cities Within the Pearl River Delta，China [J]. Journal of Cleaner Production，2018，174：315-323.

［25］向雪琴，高莉洁，祝薇，等. 城市分类研究进展综述[J]. 标准科学，2018(04)：

54-62.

[26] 杨升祥. 当代中国城市化的历程与特征[J]. 史学月刊，2000(6)：129-134.

[27] 许经勇. 转型中我国农业劳动力的两种转移模式——从西方经济学的两种要素配置模型引起的思考[J]. 经济经纬，2007(4)：99-101.

[28] 潘家华，魏后凯. 城市蓝皮书：中国城市发展报告 No.5：迈向城市时代的绿色繁华[M]. 北京：社会科学文献出版社，2012.

[29] 何景熙，何懿. 产业—就业结构变动与中国城市化发展趋势[J]. 中国人口·资源与环境，2013，23(6)：103-110.

[30] 汪冬梅. 中国城市化发展问题研究[M]. 北京：中国经济出版社，2005.

[31] 国务院发展研究中心. 中国城市化速度预测分析[EB/OL]. [2022-02-07]. https://www.drc.gov.cn/DocView.aspx？chnid＝1&leafid＝224&docid＝2894327.

[32] 顾朝林. 城市化的国际研究[J]. 城市规划，2003，27(6)：19-24.

[33] 刘耀彬. 城市化与资源环境相互关系的理论与实证研究[M]. 北京：中国财政经济出版社，2007.

[34] 孙久文，张佰瑞. 城市可持续发展[M]. 北京：中国人民法学出版社，2006.

第二章
绿色城市理论研究

2.1 城市可持续发展理论梳理

2.1.1 城市可持续发展理念的发展

城市在国家和地区的发展中扮演着十分重要的角色,是国家和地区政治、经济、文化和交流的中心。在城市聚集了丰富的资源和技术,创造了乡村地区无可比拟的财富与繁荣。城市的不断迅速扩张也引发了一些经济、社会、城市建设与管理等方面的问题,特别是区域生态系统的结构、功能、过程和安全性维护机制面临着巨大的压力。为此,人类社会一直在进行着不懈的努力,探索理想的城市发展模式或途径,可持续城市(sustainable city)就是近年来国际社会重点研究和实践的一种有效途径[1]。

可持续发展理念最早可以追溯到 19 世纪末,旨在为西方城市出现的交通拥挤、环境污染以及流行病肆虐等问题提供解决思路。1987 年,《我们共同的未来》报告中正式提出可持续发展的命题"既满足当代人发展又不危害后代人满足其需要的发展",集中分析了全球人口、粮食、能源及人类居住等情况,强调城市面临的环境危机、能源危机和发展危机的整体性[2]。

随后,许多国内外专家对可持续城市的概念内涵进行了深入研究。其中比较具有代表性的是 2000 年 7 月在柏林召开的 21 世纪城市会议中指出可持续城市是改善城市生活质量,包括社会、经济、生态、文化、政治和机制等方面,同时不给后代造成负担的发展模式[3]。赵景柱从城市生态系统角度出发,提出可持续城市是具有保持和改善城市生态服务能力,并能够为居民提供可持续福利的城市。可持续城市要求城市为人们提供可持续福利,即福利总量和人均福利不随时间的推移而减少[2]。赵弘综合两者的观点,认为可持续城市是指在一定经济社会条件下,支撑城市发展的系统与城市功能之间相互协调,实现城市运行高效、经济繁华、生态优良、生活宜居、社会公平和文化和谐,能够为居民提供可持续福利且不给后代遗留负担的城市[4]。

赵景柱等在《2010 年中国可持续城市发展报告》中指出,可持续城市的内涵非常丰富,它的构成既包含自然的要素,也包含社会的要素;既包含物质的要素,也包含精神的要素。它是一个城市系统中社会、经济、人口、资源、环境、科技、文化、教育、居民素质等要素有机关联、相互作用与耦合的综合反映。可持续城市的状况或建设水平不仅取决于其单一构成要素的状况或水平,更取决于其构成要素之间的结构比例及其耦合机制。可持续城市的内涵超越了传统的城市发展、环境保护和生态建设等概念,是城市建设在理念、体制和机制等方面的创新,是一种新的城市发展和建设模式[1]。

工业革命以来,霍华德提出的田园城市理论、赖特的广亩城市理论都是从城市空间的角度出发解决城市问题,关注城市本身;1971 年,联合国教科文组织开展了"人和生物圈计划",提出从生态学角度来研究城市,开始关注城市发展中人与环境的关系;1981 年,国际建筑师联合会发布的《华沙宣言》将建筑、人、环境作为整体,关注人的发展;1991 年,联合国人居署(UN-HABITAT)和联合国环境规划署在全球范围内提出并推行了"可持续城市计划"(Sustainable Cities Programme,SCP)。此后,一些国际组织、国家和地区、专家学者对可持续城市建设理论与途径开展了广泛深入的研究,并从经济发展、社会进步、生态环境、人类福利等不同的角度提出重要的思想和观点。可持续城市的理论基础处于不断地探索、完善和总结过程中,涉及城市多目标协同论、城市 PRED 系统论、城市生态学理论、城市发展控制理论、城市代谢理论、城市形态理论等[1]。1992 年联合国环境与发展大会发布的《21 世纪议程》将环境与发展联系在一起;2005 年,联合国环境规划署发布《绿色城市宣言》,呼吁改善城市生活质量,绿色城市被认为是应对城市危机和生态危机的有效途径,将会带来居民生活方式、科技创新和信息产业的深刻变革[5]。至此,城市可持续发展理论成熟,解决思路也更为科学,从城市空间到城市环境再到城市中具有能动性的人,可持续发展理论不断完善。

2.1.2 可持续城市建设目标

可持续城市的内涵超越了传统的城市发展、环境保护和生态建设等概念,是城市建设在理念、体制和机制等方面的创新,是一种新的城市发展和建设模式。

可持续城市建设是一个系统、整体和动态的发展过程,它是在一定的时空尺度上,以持续有效的资源配置和结构的逐步优化,不断提高城市品质和现代化水平,从而既满足当代城市发展的现实需要,又满足未来城市的发展需求[1]。在可持续城市建设目标上,欧洲环境署列出五项标准,关注资源合理利用的同时居民享有资源与服务的平等权利[6];联合国人居署(又称作联合国人类住区规划署)提出四项标准,重点关注资源利用效率以及居民生活质量等[7]。1996 年由联合国可持续发展委员会(Commission on Sustainable Development,CSD)与联合国政策协调和可持续发展部(Department for Policy Coordination and Sustainable Development,DPCSD)牵头,联合国统计局(Statistical office of U-nited Nations,UNSTAT)、联合国开发计划署(United Nations Development Programme,UNDP)、联合国环境规划署(United Nations Environment Pro-gramme,UNEP)、联合国儿童基金会(United Nations International Children's Emergency Fund,UNICEF)和联合国亚太经济与社会理事会(United Nations Economic and Social Council for Asia and the Pacific,UN ESCAP)参加,在"经济、社会、环境和制度四大系统"的概念模型和驱使力(Driving force)—状态(State)—响应(Response)概念模型(DSR 模型)的基础上,结合《21 世纪议程》中的各章节内容提出了一个初步的可持续发展核心指标框架(摘要见表 2-1)。框架考虑经济发展对自然资源的最终依赖性,其中驱使力的指标用以表征那些造成发展不可持续的人类的活动和消费模式或经济系统的一些因素;状态指标用以表征可持续发展过程中的各系统的状态;响应指标用以表征人类为促进可持续发展进程所采取的对策。模型由 142 个指标构成,包括 41 个驱动力指标、65 个状态指标和 39 个反应指标。在社会系统中,主要有 5 个子系统:消除贫困、人口动态和可持续发展能力、教育培训及公众认识、人类健康、人类住区可持续发展;经济系统由 3 个子系统构成:国际经济合作及有关政策、消费和生产模式、财政金融等;环境系统反映以下 12 个层面:淡水资源、海洋资源、陆地资源、防沙治旱、山区状况、农业和农村可持续发展、森林资源、生物多样性、生物技术、大气层保护、固体废物处理、有毒有害物质安排等;制度系统体现于科学研究和发展、信息利用、有关环境、可持续立法、地方代表等方面的民意调查。

表 2-1 CSD 提出的可持续发展指标体系中的指标摘录

Tab.2-1 Abstract of the indicators from the sustainable development index system

分类	《21 世纪议程》中的章节	驱使力指标	状态指标	响应指标
社会	第一章:消除贫困	失业率	贫困指数	
			贫困差距指数	
			基尼系数	
			男女平均工资比例	
经济	第二章:加速可持续发展的国际合作	人均 GDP	经环境调整的国内生产净值	
		在 GDP 中净投资所占的份额		
		在 GDP 中进出口总额所占的百分比	在总的出口商品中制造业商品占比	
环境	第十八章:淡水资源的质量和供给的保证	地下水和地面水的年提取量	地下水储量	废水处理率
			淡水中粪便大肠杆菌的浓度	水文网密度
		国内人均耗水量	水体中的 BOD	
	第十章:陆地资源的统筹规划和管理	土地利用的变化	土地状况的变化	分散的地方水平的自然资源管理
	第十一章:森林毁灭的防治	森林采伐强度	森林面积的变化	受管理的森林面积
				受保护的森林面积
	第九章:大气层的保护	温室气体的释放	城市周围大气污染物的浓度	削减大气污染物的支出
		硫氧化物的释放		
		氮氧化物的释放		
		消耗臭氧层物质的消费		
制度	第八章:将环境与发展纳入决策过程			可持续发展战略
				结合环境核算和经济核算的计划
				环境影响评价

对于社会和经济指标,这种分类方法不可能得到其所希望的因果关系,即在压力指标和状态指标之间没有逻辑上的必然联系;再者,有些指标是属于"压力指标"还是"状态指标",界定并不是肯定的和合理的,表明该指标体系框架存在着缺陷。另外,该指标体系所选取的指标数目庞大,且粗细分解不均,这些都是

该指标体系框架需加以完善的地方。

2015 年联合国发展峰会《2030 年可持续发展议程》的报告中[8]，针对城市发展面临的资源环境和经济发展问题，从个人福利和公共福利两个角度明确了社会、经济和环境的 17 项可持续发展目标(SDGs)，使可持续发展理论更具体且操作性更强。该议程呼吁各国采取行动，为今后 15 年实现 17 项可持续发展目标而努力。这是政府间协议设置的一系列发展目标，是要替代 2015 年年底到期的千年发展目标。新的可持续发展目标不仅涉及最贫穷国家，还包括更广泛、更全面的目标群，覆盖了更多样化的议题。这 17 个 SDGs 中的第 11 个目标，也被称为城市 SDG，特别强调了"具有包容性，安全，有恢复能力和可持续城市和社区"。2021 年 9 月，在北京举行的联合国第二届可持续发展论坛期间，我国发布了《中国落实 2030 年可持续发展议程进展报告(2021)》，报告全面回顾了 2016 年至 2020 年中国落实 2030 年可持续发展议程 17 个目标的主要进展，报告还从多个角度分享了中国落实 2030 年议程的经典案例。并行于可持续发展目标的还有于 2016 年 10 月在厄瓜多尔首都基多(Quito)举行的第三届联合国住房和城市可持续发展大会，是全球向可持续发展转型的又一个里程碑，在这次会议上近 200 个联合国成员国共聚一堂，共同发布一个"新城市议程"，该议程提供协议性的、不具约束力的准则和策略，为未来城市可持续发展设定全球标准，为未来 20 年全球城市居住区的发展提供指导。该文件协助各国政府制定明确的指南，支持构建国家和地方层面的发展政策框架，以应对城市化挑战。

2.2　绿色城市及其内涵

2.2.1　绿色城市的提出与概念分析

准确清楚地表达绿色城市的内涵是科学合理建设绿色城市的必要前提。绿色城市的内涵源自绿色经济。20 世纪 50 年代以来，与世界经济飞速发展同时出现的还有人口剧增、资源消耗过度、环境恶化等问题，各界人士开始反思粗放低效的传统经济发展模式。1989 年英国环境经济学家 David Pierce 等首次提出"绿色经济"一词，指出绿色经济是以自然环境和社会环境的可承受程度为前提的，不会盲目追求经济发展而造成生态危机，也不会因为资源耗竭而中断社会生产[9]。21 世纪以来，尤其是金融危机爆发后，联合国环境规划署适时提出了发展"绿色经济"的倡议，并将绿色经济定义为促成提高人类福祉和社会公平，同时显著降低环境风险和生态稀缺的经济,同时指出绿色经济是全球经济增长的新引擎,将成为实现可持续发展和消除贫困的重要战略。

19世纪,美丽城市运动为城市设计理论提供了有机养料。1898年,英国学者霍华德Howard提出了田园城市的概念,主张在既有的大城市周围建设既具有乡村田园式的自然环境又提供城市产业发展机遇的城乡一体化的田园城市,限制城市过度膨胀,达到一定规模后建设新的田园城市来转移、容纳人口和产业,田园城市之间以乡村绿带为界隔,又以其相联结,形成城乡结合的城市群结构,也就是霍华德所称的社会城市(social city)。田园城市将乡村自然、环境与城市产业发展相结合,力求平衡、自足、有序的城市形式,是城市可持续发展领域的重要思想,并对"二战"后西方城市规划理论与实践产生了深刻影响,Unwin的卫星城理论、英国的新城运动等均受其启发[9-10]。与之类似的还有花园城市、有机疏散、广亩城市等[11]概念。诸如此类的理论看似与绿色城市的概念相似,但其中体现出的"城市分散主义"与绿色城市"城市集中主义"的核心背道而驰。一般将法国建筑大师Le Corbusier在1930年提出的"光明城"规划作为绿色城市概念的萌芽[12]。随着人们对气候变暖的认知逐渐加深,20世纪末,"绿色运动"悄然进行。其中可持续发展、环境共存、生态城市、紧凑城市、健康城市、品质生活、中间城市、山水城市等理论诞生。此类理论都可以视为绿色城市发展理论的各个阶段和补充内容。

对于保护环境重要性的认可以及各种城市发展理论的萌生最终催生了绿色城市发展理论[10]。1990年,印度经济学家David Gordon最早提出"绿色城市"的概念,他出版的书籍《绿色城市》系统地描述了绿色城市的概念、内涵及策略,标志着绿色城市理论的正式诞生。他认为绿色城市不仅仅是停留在城市建设与环境保护层面,更多的是为人类提供全面的文化发展[13]。张梦在文章中梳理了绿色城市发展理念的诞生,从田园城市、紧凑城市、生态城市和低碳城市,最终发展到绿色城市[10]。

国内外研究大多从概念和目标层次上理解绿色城市。从概念层次上,王如松认为绿色城市是人们对按生态学规律统筹规划、建设和管理城市的简称,旨在利用观念、体制和技术革新,在生态承载力范围内,建设经济发达、产业高效、环境适宜的生态社区[14];余猛认为绿色城市是兼具高效率低污染的生产生活方式和良性健康的城市运行模式[15];邓德胜认为绿色城市不仅局限于外在的视觉形象,更注重绿色文明、绿色经济、绿色生态的丰富内涵[16];Melo指出绿色城市是一种新型的具有包容性、综合性和凝聚力的人与自然环境的管理模式[17];Matthew认为绿色城市是有清洁的空气和水、优美的街道和公园,在面对自然灾害时具有较强的抗灾能力,爆发重大传染病的风险很低,鼓励绿色行为,如推行公共交通出行等[18]。

从目标层次上,欧阳志云认为绿色城市建设的目标是通过追求城市整体功能最佳来满足人与自然的健康发展,达到资源清洁高效、基础设施完善、环境健康以及社会和谐[19]。石敏俊从社会、经济、环境协调发展的角度出发,在保证经济持续稳定发展的前提下,尽可能减少经济活动对资源环境的不良影响,实现公共福利和生活质量提高[20]。毕光庆认为,绿色城市的基础是自然与人类和谐发展,追求的目标是经济发展、环境保护、社会进步,还应注重经济、文化、人类健康和整体的社会可持续发展,不能仅理解为城市绿化[21];刘长松认为绿色城市主义理论旨在解决未来城市化进程中的环境问题[22]。Matthew E. Kahn 指出绿色城市追求的目标是经济发展、环境保护和社会进步,最终达到提高人民的生活水平[18]。

2.2.2 绿色城市内涵

绿色城市是一种全新的发展理念,提倡在观念意识上引导城市与自然和谐相处,具有 green cities、green city、green urbanism 等多种英文表达。许多学者认为发展绿色城市对人类文明的发展以及地球的自然环境来说都是必要的。一些学者认为绿色城市与花园城市、生态城市或森林城市都具有相似的内涵,只是表达不同;而更多的学者认为绿色城市是指一个在社会、经济和生态系统方面均达到平衡的城市[23]。2005 年,美国 60 多位市长在旧金山签署《城市环境协定——绿色城市宣言》,宣言涵盖了水、交通、废物处理、城市设计、环境健康、能源以及城市自然环境 7 个方面的内容。然而,迄今为止绿色城市尚未有国际公认的定义,国内外学者大多从发展模式、生态系统、城市设计 3 个角度对绿色城市进行阐释。

联合国环境项目从城市发展和环境质量的角度定义绿色城市,认为绿色城市是环境友好的城市,具备环境友好、城市社会公平、绿色政策完善的特点。经济合作与发展组织(OECD)认为能够减少环境负外部性,降低对自然资源和生态系统不良影响的城市活动,促进城市经济增长与发展的城市叫绿色城市。亚洲发展银行认为适应性、响应性以及创新性是绿色城市与其他城市不同的关键[9]。

王建国于 1997 年发表文章《生态原则与绿色城市设计》,指出绿色城市设计可以解决第二代城市设计理论未能解决的关于城镇建筑环境生态状况不断恶化的问题。他将绿色城市设计定义为"城市设计经历了从最初解决城镇环境质量问题到根据全球环境变迁开始更多地考虑自然环境的相关问题的转变,并探索新一代的、基于整体和环境优先的城市设计思想和方法,即绿色城市设计"[24]。Beatley 提出人们居住在绿色城市是力求在生态界限内进行城市生活,这可以从根本上减少人类的生态足迹,并且承认绿色城市与其他城市甚至整个地球的相互作用和影响。具有较小生态足迹的城市在设计和功能上接近大自然,居民拥有高品质的生活和邻里社区[25]。2013 年,石敏俊和刘艳艳指出城市的绿色发展要实现经济、社会和资源环境的协调发展,在保证城市经济持续稳定发展的前提下,尽可能减少经济活动对资源环境的不良影响,实现公众福利和生活质量的提高[20]。Chang 认为经济的、低碳的、可住性强的绿色城市,应该拥有绿色低碳设备,并且具有合理的城市化布局,以及最小化的能源消耗等特点[26]。刘巍等从绿色城市设计规划的原则出发,提出绿色城市规划设计的主要原理,并就绿色城市设计理念在规划中的应用提出建议,以促进绿色城市设计理念在城市规划中的应用[1]。

综上所述,尽管各学者对绿色城市内涵的理解尚有不同,但对绿色城市所强调的经济、社会、环境之间的协调发展以及绿色城市不仅仅是城市绿化等观点表示认同。此外,绿色城市不仅关注经济发展、资源消耗和环境污染等问题,还关注气候变化、生活质量、人体健康、环境健康等问题。《2009 年中国城市绿色发展报告》从社会、经济、环境、能源出发,运用绿色经济和循环经济手段实现能源的高效利用,强调城市相关者间的交流合作、责任共担,保护居民不受污染物的危害等。

因此,通过文献调研发现,可总结出关于绿色城市的内涵具有以下几点共识:

(1)绿色城市代表了一种新的城市发展道路与经济增长模式。

(2)绿色城市在减少对生态环境破坏的同时,通过提高能源效率与资源利用率的方式来保证社会经济水平的提高。

(3)绿色城市的建设不局限于经济的增长,最终目标是实现城市经济、社会、环境三大子系统协调可持续发展。

综合国内外学者的观点并结合我国目前绿色城市的发展实践,本研究认为绿色城市是一种以人为本,且人与自然高度和谐的城市发展理念,是一种兼具了经济绿色增长与人居环境健康,不以破坏生态环境与降低人们生活质量为代价的经济高效增长模式,是一种城市经济、社会、环境三方面高度协调的城市良性运行机制。绿色城市的建设应该结合城市自身的功能、经济、文化及地域特征,寻求一条适用于城市自身特点的绿色发展道路,目标在于通过城市功能来满足人与自然的健康发展。

同时本研究认为绿色城市是指在可持续发展思想指导下，为满足城市居民的需求而提供安全高效的以意识形态、科技创新、资源利用为抓手，实现城市空间、经济发展和社会生产的绿色化，室内、社区、城市、区域发展的和谐化，居民及其生活环境的健康化的城市运行模式。绿色城市是一个动态的概念，随着不同的时代背景而不断丰富提高。

2.3 绿色城市与其他城市发展理念的辨析

城市可持续发展理论形成以来，出现了多种描述未来城市发展形态的概念，包括绿色城市、田园城市、生态城市、健康城市、低碳城市、弹性城市等。这些概念均有特定的时代背景、目标定位、内涵与侧重点。理解绿色城市的内涵有必要理清这些概念与绿色城市的区别与联系。首先应明确各城市概念不是独立的，而是相互关联但有所侧重的。本研究从各个概念提出的背景、针对的问题、解决的途径、预期目标及各理念间的逻辑关系进行辨析，理清它们之间的内在联系与区别，见表2-2。

2.3.1 城市发展模式的相关概念

（1）田园城市

18世纪60年代的工业革命加速了英国的城市化进程，大量农村人口涌入城市，造成城市用地紧张、地价飞涨，并引发城市污染与贫富差距等问题。为应对这些问题，英国社会活动家霍华德提出田园城市的理念，主张在既有大城市周围建设既具有乡村田园式的自然环境又提供城市产业发展机遇的城乡一体化的田园城市，限制城市过度膨胀，达到一定规模后建设新的田园城市来转移、容纳人口和产业，田园城市之间以乡村绿带为界隔，又以其相联结，形成城乡结合的城市群结构，也就是霍华德所称的社会城市（social city）[10]。

田园城市（garden city）理论是对城市宜居生活以及自然乡村生活的描述，代表了人们对于城市美好未来的朴素寄望和理想，为之后涌现的各类城市发展模式奠定了基础。其理念强调既具有高效能和高度活跃的城市生活，又兼有环境清静、美丽如画的乡村景色。

（2）生态城市

现代生态城市理念直接起源于霍华德田园城市中城市与自然平衡的思想。

20世纪60—70年代,人类中心主义支撑下的简单粗暴的工业文明使城市的生存与发展与自然日益对立,生态破坏、环境污染日益严重,人们不得不深入思考城市传统发展模式的缺陷。生态城市力图从生态学角度实现城市经济、社会与生态的良性循环,构建健康、高质量的人居环境。1971年,联合国教科文组织科学部门发起"人与生物圈计划"(Man and Biosphere Program,MAB),其第11项计划即"关于人类聚居地的生态综合研究"。MAB报告提出了生态城市规划的5项原则:生态保护战略(自然、动植物区系及资源保护与污染防护);生态基础设施(自然景观和腹地);居民的生活标准;文化历史的保护;将自然融入城市。生态城市理念既包含一部分城市景观规划设计的内容,主张利用工程技术等手段进行城市生态环境建设,也包含城市发展理念的内容,强调城市与自然生态的和谐发展,以及人类和自然的健康与活力。在我国生态学家马世骏先生提出的社会—经济—自然复合生态系统理论的影响下,我国学者多从更为综合的角度理解和评价生态城市,但无论如何,人与自然的和谐都是其核心内容[10]。

(3)健康城市

健康城市(healthy city)也是目前城市研究的热点之一。健康城市是世界卫生组织(WHO)1992年倡导的一项全球计划,是由健康的人群、健康的环境和健康的社会有机结合发展的一个整体,能不断地改善环境、扩大社区资源,使城市居民相互支持,以发挥最大潜能,它是一个过程而非结果。健康城市是从城市与居民健康的角度提出的,涉及影响居民物质、精神、健康的各个方面,如福利、文化、政策、生活环境等生理上的健康。健康城市在强调促进健康的过程中,将改善并维持自然和社会环境视为基础理念之一[1]。然而,健康城市设计过于强调城市居民的健康,而忽视了经济模式、生产技术、文化以及人们赖以生存的区域环境,这种健康很可能是建立在区域的非健康基础之上,最终也可能会导致自身的病态。

(4)低碳城市

低碳城市理念的提出则与气候变化、能源危机等问题息息相关。随着城市化进程的加快、工业经济和私人交通的快速发展,温室气体大量排放带来的全球气候变化已成为人类社会可持续发展的严重威胁。城市迫切需要改变发展方式、控制碳排放、实现低碳转型。2003年,英国政府发表能源白皮书《我们能源的未来——创建低碳经济》(Our energy future:creating a low carbon economy),首次将低碳经济定义为"通过更高的资源生产率,以更少的自然资源消耗和环境污染获得更多经济产出,实现更高的生活标准和更好的生活质量",主要理念为利用新能源;提高能源利用效率;推广清洁技术、营建绿色建筑;开展碳汇碳捕捉[27]。随后,"低碳"理念逐渐由经济领域扩展到社会领域,从 2007 年开始,"低碳城市"的概念逐渐进入国际组织、学术界和各级政府的视野[28]。世界自然基金会(WWF)认为"城市低碳发展是指城市在经济高速发展的前提下,保持能源消耗和 CO_2 排放处于较低水平[29];低碳城市是通过系统过程实现温室气体减排的社区"[30]。赵景柱等认为低碳城市是以低碳经济为发展模式及方向、市民以低碳生活为理念和行为特征、政府公务管理层以低碳社会为建设标本和蓝图的城市,并据此开展低碳城市发展途径及其环境管理综合模式研究[31]。

(5)弹性城市

弹性城市(resilience city),即韧性城市,是国际社会为应对各类自然灾害和社会危机而提出的城市发展新理念。弹性城市中的"弹性"(resilience)一词,其实是生态学领域中的一个概念,指生态系统的一种抗压能力及自我修复能力。这种能力使他们在遇到一定的外在条件变化或冲击后,能适度地去抵制干扰,保持或重新回到平衡状态。弹性城市主要是应对城市系统面临的自然和社会等急性冲击和慢性压力。其主要理念是提高城市基础设施的抗压及恢复能力;增强政府机构的管控能力;提升社会群体对风险因素的响应能力;加大受灾后城市经济系统的运行能力。韧性城市要求城市具备系统性适应能力,能够快速有效地应对各类灾害,具备完善的应急管理体系[32]。

2.3.2 绿色城市与城市发展模式的相关概念辨析

如表 2-2 所示,与田园城市相比,绿色城市更多强调城市复合系统的整体性,城市建设途径具有更强的操作性,而不仅仅是探讨城市建设方向。生态城市、低碳城市和健康城市三者内容综合起来基本可涵盖绿色城市的内容。其中,健康城市更多地强调社会因素对居民健康的影响,绿色城市更加关注城市环境健康与居民生活之间的关系。弹性城市重点强调城市工程建设的系统性及灾后恢复能力,绿色城市则强调保持城市稳定发展,更关注如何从源头上消除城市危机的产生。绿色城市是建立在以往城市建设理论研究和实践基础上的新的发展模式,是对不同历史阶段城市建设理念的继承和发展,是对各种城市发展模式的集成和升华。

表 2-2 绿色城市与相关概念辨析

Tab. 2-2 Analysis of Green City and related concepts

城市理念	针对问题	实现途径	预期目标	与绿色城市的区别	与绿色城市的联系	参考文献
绿色城市	自然生态环境破坏升级,污染、贫困、人口三大危机全球蔓延	建设绿色基础设施;使用清洁能源;优化城市交通体系;提倡绿色消费方式	实现环境友好、经济高效、资源节约、健康活力的城市运行模式			1990,David Gordon《绿色城市》
田园城市	解决工业革命后城市出现的拥挤、污染及流行病的传播问题	通过城乡结合解决城市问题	实现城乡可持续发展	田园城市强调城市与周围区域的联系以及城乡协同发展	关注城市产业发展和城市发展质量	1898,霍华德《明天:真正通往改革的和平之路》
生态城市	解决城市化发展中资源耗竭、环境污染和生态破坏等问题	利用生态学原理规划城市;建设生态基础设施;保护生态景观;提高生态承载力	实现城市复合生态系统的和谐发展,提高人类对城市生态系统的自我调节、恢复、维护和发展的能力	生态城市强调靠生态系统自发的力量实现物流、能流和信息流的新陈代谢;生态城市更多的是一种理念;内容上,绿色城市更关注城市环境与人体健康	利用生态、环境和社会管理等工程实现城市系统中经济、社会、环境子系统的协调发展	1971年联合国"人与生物圈计划(MAB)"中首次明确提出
健康城市	城市病严重困扰居民身心健康	优化个人生活方式;改进社会和社区卫生健康设施与环境、工作与生活条件、社会经济、文化环境	实现大众健康	健康城市强调政策等社会因素的支持,而绿色城市强调科技和资源的投入	健康是绿色城市的特征之一	1976,Meckeown,Thomas *The Role of Medicine:Dream,Mirage or Nemesis?*
低碳城市	应对全球气候变化带来的城市生态环境危机	利用新能源;提高能源利用效率;推广清洁技术;营建绿色建筑;开展碳汇碳捕捉	实现能源消耗和碳排放处于较低水平	低碳城市的核心是考虑碳排放对气候变化的影响,而绿色城市是综合考虑废水、废气及垃圾等污染物对城市环境的影响	降低碳排放是绿色城市建设的部分内容	2003年英国政府《能源白皮书》首次提出低碳经济的概念

续表

城市理念	针对问题	实现途径	预期目标	与绿色城市的区别	与绿色城市的联系	参考文献
弹性城市	应对城市系统面临的自然和社会等急性冲击和慢性压力	提高城市基础设施的抗压及恢复能力;增强政府机构的管控能力;提升社会群体对风险因素的响应能力;加大受灾后城市经济系统的运行能力	提高城市系统面对不确定性因子时的适应能力、抵抗能力和恢复能力	弹性城市更为关注城市系统较为脆弱的部分,而绿色城市却关注整个城市系统的发展	都是维持城市系统的稳定性和协调发展能力	2000,Alberti *Urban Form and Ecosystem Dynamics: Empirical Evidence and Practical Implications*

根据各城市理念的概念范围用数学逻辑图的形式表达它们之间的相交、相离及包含等逻辑关系,见图 2-1。

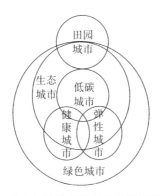

图 2-1　城市可持续发展模式的逻辑关系辨析

Fig. 2-1　Analysis of the logical relationship of the urban sustainable development model

（1）绿色城市包含生态城市、低碳城市、健康城市和弹性城市,而生态城市包含低碳城市。

（2）低碳城市与弹性城市。与低碳城市密切相关的全球气候变化的加剧,使各地温度和降水等发生显著变化,影响着极端天气事件的发展频率与强度,对城市抵御灾害以及灾后恢复能力的要求越来越高。而低碳城市建设对弹性城市为正向促进作用。

（3）健康城市与低碳城市。低碳城市通过能源的高效利用等途径减少碳排放,减少污染物排放,对居民及环境健康均产生正向效益。

(4)健康城市与弹性城市。弹性城市的建设程度直接影响城市应对危机的能力,建设较差则势必会造成居民特别是弱势群体身体损害及其财产损失,进而影响到健康城市的建设;健康城市的完善建设降低灾害发生时造成的损失,两者相互促进。

(5)生态城市与健康城市。前者强调城市系统生态环境的健康和谐,后者除关注环境健康外,还从医疗、卫生等病理角度出发改善居民健康状况,强调社会因素的重要性。

(6)生态城市与弹性城市。生态城市作为复合生态系统本身具有抵抗灾害的能力,但前者只强调城市受自然灾害的干扰与破坏,后者还强调社会危机,如公共治安、疾病传播等,涉及范围更广。

2.3.3 我国绿色城市理念的发展

可持续城市是一种新的城市发展模式,其理论体系处于不断探索、完善和总结过程之中。生态问题是工业化时代的产物,我国生态问题形势严峻。为了更好地解决生态问题,自 2006 年起,我国的经济发展开始向绿色发展转变。2013 年 9 月,习近平同志在谈到环境保护问题时指出:"既要绿水青山,也要金山银山。宁要绿水青山,不要金山银山,而且绿水青山就是金山银山。"2015 年中共十八届五中全会通过《中共中央关于制定国民经济和社会发展第十三个五年规划的建议》,并提出"创新、协调、绿色、开放、共享"新发展理念。2017 年中共十九大报告明确指出:加快建立绿色生产和消费的法律制度和政策导向,建立健全绿色低碳循环发展的经济体系。2021 年《"十四五"规划纲要》再次强调了绿色发展在我国现代化建设全局中的战略地位。"十四五"规划和 2035 年远景目标纲要提出,推动绿色发展,促进人与自然和谐共生。

在国家政策的推动下,城市的经济发展向高质量经济增长方式转变,产生重大国家战略区绿色转型。城市建设作为社会领域的基础部分,需要和绿色发展紧密结合,形成"绿色城市"发展理念。绿色城市是人类永恒的追求,是环境、经济和社会可持续发展的动态城市,其理念高于生态园林城市、低碳城市、可持续城市,是人类的理想家园[9]。

2.4 中国绿色城市的主要特征

绿色城市具有合理的绿地系统、广阔的绿色空间、较高的绿地率和绿化覆盖率,环境(空气)质量优良,园林景观优美;绿色城市基础设施完善,自然资源受到妥善保护和合理利用,环境污染被有效控制,能量和物质的输出与输入达到动态平衡,自然生态和人工环境完美和谐;绿色城市进行绿色生产,城市经济高效运转,与城市环境协调发展;绿色城市崇尚绿色生活,人居环境良好,社会和谐进步;绿色城市文化繁荣,具有浓厚的地方特色和独特风貌。可见,绿色城市是环境、生态、经济、健康、社会和文化高度和谐、可持续发展的城市。

2.4.1 绿色城市的人口特征

城市绿色发展的关键是人口的绿色发展:一方面,资源和环境问题本质上是人口问题,绿色发展的重点在于解决人口与资源和环境的矛盾问题,协调人口与资源和环境的关系问题;另一方面,绿色发展本质上是实现人类的可持续发展,着眼于人的绿色发展。

21世纪的中国要实现人口的绿色发展将面临人口惯性增长势头依然强劲、经济增长对消费的依赖和高消费模式的兴起、人口流动的不均衡、老龄化日益严重、绿色人力资源不足等诸多挑战。

(1)人口均衡型

绿色城市人口特征主要表现为具有人口均衡型社会特征。绿色城市建设需要推动人口结构优化、破解人口老龄化矛盾,保障人口的新生活力,提高劳动力供给数量以及供给质量,从而影响社会生产。我国第七次人口普查的数据显示,我国60岁及以上人口的比重达18.70%,其中65岁及以上人口比重达13.50%[33]。人与自然和谐共生的活力源泉是人类,人口老龄化在对于社会创新及创造力方面,对于清洁生产、绿色产品技术的创意的提出,产生阻碍性影响。同时对于整个社会经济循环作用机制,导致经济发展的动力不足。当下我国的经济持续增长面临巨大的挑战,城市化作为重要的经济引擎面临挑战,城市面临人口老龄化问题日益增长。陈芳等研究人口老龄化对于绿色发展的影响,基于2007—2018年绿色全要素生产效率得分与人口老龄化率两个维度对长三角41个城市进行分类研究人口老龄化对于绿色发展的影响,发现长三角绿色发展指数波折下降,大致经历了一个绿色发展状况由相对较好到相对较差的过程,人口老龄化程度波动上升。由此得出我国长三角经济绿色转型发展状况并不理想,人口红利正逐渐消失,发展陷入困境[34]。此外,一方面经济转型迫在眉睫,相关产业及其人才资源重要性凸显。另一方面老龄化趋势加剧、生育率下降,适龄劳动力人口难以满足城市需要。在此背景下,调整优化人口结构,吸引更多人才和年轻劳动力就意味着城市发展有更多动力。

（2）绿色的高素质人口质量

人口的高素质也是绿色城市不可或缺的特征之一。绿色城市主义要求城市应对环境、生活方式的负面影响以及资源消耗等问题,要促进更加可持续、健康的生活方式。绿色城市强调更高品质的生活,创造更适于生活的邻里关系和社区。这无异于强调人口高素质的观念,一方面可加强人们的环境保护意识、低碳意识等绿色思想,促进人们拥有健康的生活方式、更加绿色的高品质生活以及和谐的邻里关系。此外,绿色城市发展要拥有丰富的绿色人力资源,扩大自身的创造影响力、发挥自身的创新意识力。人类的创造力对于解决城市污染是十分有用的,加速污染的全过程治理、促进更多清洁生产的产品的产出、扩大企业的绿色生产、绿色运营、绿色治理等的前提是具备强大的绿色人力资源,不断地开拓绿色发展的新领域。

（3）绿色的人口密度（舒适性指数）

中国绿色城市指数标准排名将常住人口密度作为衡量城市人居舒适系数的关键指标[35]。通常来讲,城市常住人口越多,在住房、交通等方面成本越高,居民生育率越低,城市发展越不健康。而常住人口过低的城市,通常经济、医疗、教育、服务等跟不上。因此,新华社等联合发布的《2020 中国绿色城市指数标准排名》综合了多种影响因素进行具体分析,得出常住人口密度的最佳值为 1000 人/平方公里。

在我国,常住人口密度较大的城市绝大部分都是经济发展水平较好的城市,这也说明了城市间发展不平衡。针对该问题,国家相关部门通过落地一系列政策措施调整人口分布,改善城市间发展不均衡。比如,2019 年 4 月 8 日,国家发展和改革委员会发布《2019 年新型城镇化建设重点任务》,提出深化户籍制度改革、推动城市群和都市圈的健康发展、促进大中小城市协调发展等任务。又如,为深入推进京津冀协同发展重大国家战略,加快实现天津"一基地三区"功能定位,2020 年 3 月 2 日,天津市发改委发布《天津市支持重点平台服务京津冀协同发展的政策措施（试行）》文件,放宽落户政策。至同年 12 月,广州、无锡、青岛、福州、苏州等至少 5 个城市发布落户新政策,降低落户门槛。其中,最引人注目的是省会城市福州推出落户"零门槛"。专家认为,从各个城市公布的落户政策可以看出,一线城市对年龄和学历还有一定的门槛,更注重吸引高学历人才,而二、三线城市在竞争中逐步由抢人才发展到抢人口。

2.4.2　绿色城市的社会特征

绿色发展是美丽中国、绿色城市的底色,也是未来经济的发展方向。习近平总书记的重要讲话和党的十九届五中全会指明了绿色发展的方向,明确了"十四五"期间绿色发展的总目标。贯彻绿色发展理念,要强化城市人民政府的系统协同推进作用,城市人民政府承担着不可替代的作用,只有坚持"以人民为中心"的理念,在顶层设计中凸显魄力和决心,才能为绿色发展战略提供有效实施的强力保障。

(1)具备绿色城市相关的健全法律规章与政策管理条例

要将绿色城市的生态发展思想融入环境相关法律中,在指导思想以及立法目的和意图中,具备绿色建设的可持续发展理念,将绿色经济同环境保护相结合,在地方环境的体系建立上,提供清晰合理且具有针对性的指导。深化落实有效的新型绿色的环保监督和执法机制,敢于突破挑战,不断加深探索,提高立法的科学性和合理性。制定综合性现代绿色管理法律体系,充分应用整体性保护效应,将民众的基本利益作为出发点,全面推进基本法的制定与实施。唯有健全绿色生态环境法律制度与体系,才能为人与自然的绿色发展方向构建崭新的格局。

(2)具备良好的绿色生态人居环境

绿色的生态环境要以人民的福祉作为出发点,要将民生的绿色需求融入绿色城市理论的建设中,高度重视绿色生态与人民安全健康之间的关系,积极打造一系列绿色生态安全措施,重点解决损害群众健康的突出环境问题,为人民带来真正的实惠。良好的绿色城市生态应当包括大气、水体、土壤等领域综合治理体系,建立人与自然和谐共生的现代化体系。绿色城市的建设同每个人息息相关,积极打造绿色城市中的公众参与环节,让每个人成为绿色城市治理中的践行者和推动者。

(3)具备丰富卓越的绿色城市发展专业人才

随着绿色城市的综合发展理念深入人心,与绿色城市发展的有关专业在安全、建设和可持续发展等各个方面具有丰富的交叉和延伸。绿色产业渗透于每个行业、覆盖环保设备、仪器仪表、药剂及咨询服务等;未来绿色发展产业不仅需要满足保障全球绿色环境保护发展、环境质量的综合提升、提供绿色生态产品等基础要求,还需要满足人们日益增长的对美好生活的向往。以绿色服务、绿色清洁制造、绿色末端治理、绿色信息化为代表的绿色环境产业急速发展,急需知识、能力、素养、人格和国际战略眼光全面发展的环境领域引领性人才。未来绿色科技也将朝着生物学、管理科学、信息学、医疗健康等多学科融合发展。这不仅是中国面临的挑战,也是全球关注的问题。能否培养能够引领绿色产业发展的卓越人才,将影响我国在未来全球绿色产业发展的领先权和话语权。

（4）具备全面深化的绿色环保技术

就目前的绿色环保科技而言，大气、水体、土壤依旧是整个绿色治理发展工程的主体环节。绿色城市着力发展更高层次的绿色环保科学技术，以技术创新作为第一推动力，综合发展各项绿色环境技术；从顶层出发，从大局着眼，鼓励协同创新，大力构建生态环境技术的信息化服务平台，从各个环节实现研发和技术开发，配备技术服务，增进融合发展；发挥市场配置资源的决定性作用和政府作用，消除主要要素的流通性障碍，实现绿色发展的新道路，精准施策，让绿色环保技术引领绿色城市的发展。

（5）具备科学辩证的绿色环境伦理观

绿色城市中的环境伦理观应当着眼当前的发展并思考未来，将全人类和子孙后代的环境态度和责任融入道德原则，将绿色发展与协调作为绿色城市建立中的长期、持续和稳定的系统。将政府、企业与公众之间的价值与重要性纳入环境伦理观中作为一种切实可行的指导依据，公民学会合理规划，拒绝浪费的绿色生活发展方式，积极参与环保公共事务的决策和监督过程。公民对城市的绿色发展提供一定的关怀和同情，遵循环境伦理观的思想原则，为绿色城市的新型发展战略提供有效的解决途径。

2.4.3　绿色城市的经济特征

（1）经济竞争力强，发展水平高，具备高质量的经济发展模式，在区级竞争中能够实现集聚财富的效果

一个现代的绿色城市经济，应该具有多元化的产业基础，包括更好的第三产业企业和高科技公司，这样的城市将享受更高质量的增长。中国现在已经进入了一个经济发展的新阶段，城市的重点是实现更高质量的经济增长。加大绿色城市竞争发展能力，经济发展模式高效显著，吸收先进的生产技术及工艺，着力开展绿色发展良性经济竞争，以更高质量和更高水平的经济发展模式纳入国民经济新发展的需求。

（2）具备高质量的绿色经济转型及绿色经济转型效果

绿色经济转型强调经济发展的动态过程度量，要求经济发展既要保证稳定的经济增长，又要符合绿色，即生态环境资源可持续利用，同时还要使经济具有成长性。要看到绿色经济转型中的短板因素，利用系统全局的观念，从社会、资源、环境等多方面统筹兼顾，着力打造环境资源质量在绿色经济转型中起到的重要核心作用；积极发挥和提升绿色创新在经济转型中的推动作用，绿色创新离不开人才和教育，要全方位培养具有国际竞争力的青年人才，增加创新驱动；要增

加绿色创新技术的引进,加强对外合作机制,实现绿色经济层面的共赢,加快绿色经济转型;最后,要加大环境质量及生态保护教育宣传,充分利用信息化时代的特点,通过智能化、大数据等多重手段,形成良好的绿色生活方式,提高绿色城市生态认知水平。

(3)拥有绿色城市配套相关的绿色经济服务,具备健全完善的绿色经济市场机制

灵活多样的经济机制能够激发市场主体活力和发展潜力,稳定绿色产品的有效投资和经济金融服务,加强绿色市场中薄弱环节的建设,增加绿色资产或产品的有效供给。针对绿色城市所提出生态系统循环优化、资源空间的结构提升及公共服务完善等各领域,可以适当放开市场准入,创新绿色经济市场投资运营机制,大力推进绿色投资运营机制,完善绿色市场价格形成机制等。具体来说,可以鼓励第三方机构提供有关于绿色经济的各项服务,鼓励社会资本参与绿色金融基础服务、绿色融资服务、绿色资产管理服务等绿色经济服务,全面提升绿色城市针对环境污染、生态破坏、资源短缺问题治理的产业化、专业化程度。

(4)具备良好运转及高速发展的绿色经济效率

绿色经济效率(Green Economic Efficiency,GEE)是在考虑资源投入和环境代价的基础上,评价一个国家或地区经济效率的指标。根据绿色经济效率的概念可以看出,当环境资源利用纳入经济效率后,所得出的绿色经济效率就包含了损失资源及环境代价的综合经济效率,绿色经济效率的数值越高,则表明综合经济效率高。绿色经济效率高的具体特征为:一是拥有优良的产业结构,限制城市工业规模,第二产业规模相对收缩,第三产业在产业结构中的比例较高,第三产业在产业结构中的规模较大;二是资本与劳动禀赋得到合理配置,企业技术创新能力强,新型工业化道路趋势明显,通过创新手段,让城市产业拥有高效的节能减排措施,企业或工厂产品或服务的附加价值高,经济产出相对更高。三是城市的发展进程中,拥有大量节能减排设施,政府、企业及公众环保意识树立牢固,环境资源浪费少。

(5)在绿色经济市场中,大多数以经济产业结构合理,创新能力强的企业为主

绿色经济市场通过企业和技术研究、培养、鼓励及示范操作,支持创新者。积极与企业合作,增加可持续能源的利用。重视与清洁技术和可再生能源有关的重要活动和组织,大力发展环保科技创新型经济。建立稳定的、长期的国家和区域政策框架支持可持续经济发展,鼓励私人投资者投资于新型创新环保科技企业。在创新能力强的企业中,进行长期的鼓励示范,并给予一定的资金支持和政策倾斜,让绿色经济市场逐渐占据主导地位。

2.4.4 绿色城市的生态环境特征

(1)具有绿色科学、循环利用的城市水环境特征

城市水体是一个由物理环境、化学物质和水生生物共同组成的生态系统,其水质变化规律极其复杂,受到诸多因素的相互作用、相互制约和相互影响。影响城市水体水质变化的关键要素包括环境条件、水力学特征、生态禀赋、污染物通量和补水退水等。环境条件在城市水体中主要表现为气候条件、水文特征和地域特点等自然环境要素。水力学特征在城市中主要表现为水流特性、流场分布特性、流线和底质演变等。城市水体的生态禀赋由水生生物群落与环境要素之间通过物质循环和能量流动,形成的生物群落结构和生态功能。城市水体的生态功能主要取决于其自身的生态系统特质,健康良好的生态功能有助于城市水体水质的稳定和长效维持。城市水体中的氮、磷、碳等污染物的输入途径主要包括点源污染、面源污染、底泥释放、大气沉降、生物固氮等,输出途径主要包括退水、底泥吸附、水生动植物吸收,以及氮、磷、碳自然循环过程气体的释出等。底泥既是污染物的"源"又是"汇",其具体作用形式与底泥性质、水力条件、水生态特质等有关。城市中的补水和退水是调节城市水体水量和水质平衡的重要措施。补水手段包括人工补水、降雨和地面径流等,补水中的污染物种类和浓度直接影响水体水质。退水手段则包括排出或利用等[36]。

一般来说,城市中污水来自市民生活过程中产生的废水,包括马桶污水、洗浴污水和厨余污水等,包含大量的碳水化合物、糖类、蛋白质、脂肪、致病微生物等;其次是城市生产过程中产生的废水,农业、工业、服务业的废水中包含大量的盐类化合物、重金属离子等有毒有害物质;由于建筑行业、汽车行业等大规模发展,粉尘等污染物排放增加,降雨带来的地表径流将大量的粉尘带入城市污水集中管道,还将部分污染物带入城市水体,造成一定的城市水污染[37]。

针对城市水环境的特点,绿色城市的管理中应当实现以水为载体的城市水环境承载力评估,对于水环境承载力进行实时监控,统筹优化水资源的配置及发展;建立健全省市间跨区域跨部门的协调管理机制和平台,发挥优势,平衡生态资源与环境间的关系,加强生态环境保护与饮用水水源地的保护;建设城市水生态服务基础设施,将交通、运输、给排水、通信、环境卫生等城市要素融入城市水体的一体化建设,实现良性循环[38]。

针对城市水污染危机,建立绿色城市规划和发展建设是解决这一危机的有效手段和途径。实现水环境健康的绿色城市发展建设是在满足经济发展、社会进步和生态平衡统一的条件下,从水生态—经济—社会复合系统的全局出发,以

水环境承载力为约束,以水资源安全为导向,将水安全格局协同到当代经济发展与城市建设的整体规划中,解决人类经济社会活动与水环境之间的矛盾,最终实现既能满足人类社会根本利益,又符合水生态系统健康基本要求的城市规划建设[39]。

与此同时,绿色城市要合理解决和处理污水收集问题,如雨污源头分流的难题、管网建设时序的错位、管道的私接乱接等。所以在完善污水截流的基础上,绿色城市的水环境管理中要摸清对城市排水管道的污染规律,学习雨水径流和合流制溢流污染控制的基础理论和技术手段、提高工程规划与设计、加强管理法规与政策体系的探索和研究[40]。

从政府、专家、企业、公众各个层面树立起的绿色科学可持续的城市水环境质量观和治理观,能够从绿色城市的全面布局中,在遵循自然规律的基础上,最大限度地发挥其社会属性和资源属性,将城市水体作为水的社会循环的重要节点,探求城市水环境的长效治理模式。通过水体再生处理与循环利用联通经济发展、资源分配、生态平衡,使其充分发挥水的输配和城市水源功能,兼顾各种需求,利用于工业、生活和农业用水,打造城市水体的良性循环和健康循环。这样既可缓解城市水资源危机,又能实现城市水体的长效保持。

(2)具有统筹规划,绿色洁净的城市大气环境

城市大气污染物中主要包括二氧化硫(SO_2)、悬浮物(TSP)、可吸入颗粒物(PM_{10})、细颗粒物($PM_{2.5}$)、氮氧化物(NO_x)、挥发性有机物(VOCs)、氨氮(NH_3—N)等。目前,城市大气污染来源主要由三部分构成:工业排放、汽车尾气和城市建设扬尘。工业原料采集和加工制造中产生各类排放物,如废气、废水、废渣、粉尘、恶臭气味等;汽车尾气则会产生一氧化碳、重金属铅与氮氧化物等有害尾气;燃煤尘、交通道路扬尘、机动车尾气尘、工业过程粉尘、建筑扬尘则是细颗粒物的主要来源。城市大气污染危害主要有以下几点:危害人体健康、对工农业生产的危害及改变城市天气。城市大气污染会对人体健康造成不同程度的危害,引发各种呼吸道疾病、慢性中毒、癌变等,大气污染中的生物性污染和放射性污染还会引发人体疾病和各种过敏反应。城市大气污染中的酸性污染物会与附着物结合对工业材料进行腐蚀,大气扬尘还会对精密设备的生产安装调试造成一定负面影响,酸雨的形成会毒害农作物,导致农作物减产。大气污染有时还会改变城市气候,对阳光到达地面的比例、区域的降水或降雪等都会造成一定的影响[41]。

绿色城市中的大气环境规划治理要优化产业结构调整,加大技术创新,提高产业技术水平,加大清洁生产在工业生产中的作用,结合城市的发展状况,推动

绿色管理,充分利用绿色经济效用,加大绿色经济的循环发展,优化产业分配,实现绿色城市规划路径下的产业适应能力和发展能力。着力建设城市林木资源,因为林木资源能够有效吸收空气中的粉尘和危害物,同时释放氧气从而达到净化空气的效果,道路、社区、公共区域适当增加绿化比例,提升城市绿地占有面积,发挥植物在绿色城市大气环境治理中的特征作用[41]。

加强城市绿色规划建设,是绿色城市大气环境治理的重要方针与降低减少大气环境污染的重要手段。可以通过建设绿色景观来实现空气净化的目的,政府相关部门应该参与到城市绿色规划建设作业中,要实行相应的奖惩措施和解决方案,充分保护城市绿化建设,发挥其价值和作用,降低绿化建设的成本;完善绿色城市下大气环境各项治理的法律法规,强化和培养公众的绿色环境意识,践行绿色发展战略,从源头入手,对工业企业生产过程中的废气和粉尘等进行控制,对于密集型区域污染和以机动车为代表的移动污染源具备完善的大气污染治理方案体系,使得绿色大气治理工作得到有效落实和实施。

(3)具有治理健全、绿色健康的城市土壤环境

城市土壤是出现在城市和郊区,受多种人为活动的强烈影响,原有的土壤特性发生变化的土壤总称。城市和城郊土壤紧密接触城市人群,其质量的高低不但影响着城市居民的生活水平,而且通过食物链直接影响着人们的食品安全,同时也通过水体、大气等循环间接影响着城市的环境质量。城市土壤是城市园林植物生长的介质,为城市园林植物提供养分与水分,同时也是城市污染物的源和汇,在净化大气和水体环境、吸收和降解城市污染物等方面起着重要作用[42]。

城市化对土壤的化学性质、物理性质和生物多样性都会造成一定的影响。其中在化学性质的影响层面上,重金属污染主要包括锌(Zn)、铅(Pb)、铜(Cu)和汞(Hg)四种重金属元素,其污染源主要来自重金属废弃物、汽车尾气、燃煤烟尘、采矿和冶炼、工业粉尘等;氮磷污染对于城市土壤污染的影响也不容忽视,其主要来源于人们的日常生活和活动;交通运输、工业生产、石油开采及居民生活等也会排出大量的有机污染物,如多氯联苯(PCBs)、多环芳烃(PAHs)、抗生素(ATBs)等,使土壤污染加剧。挥发、淋溶和扩散等是有机污染物通过土壤进入空气、水体的主要途径,进入土壤、大气、水体的有机污染物对生态环境和人类的生命健康均会造成极大的危害。在物理性质的影响层面上,城市建设使城市地面被城市建筑物、沥青、水泥等所封闭,降低了城市土壤的透气性、吸水能力及渗水能力等。在对生物多样性的影响层面上,随着城市化过程中土地利用方式的转变,土壤扰动和土壤污染促使土壤理化性质发生改变,并显著影响着土壤中各种微生物的种群活性、大小及微生物的多样性。随着城市化水平的不断提高,城

市土壤中的微生物总量持续减少,且微生物群落结构和功能也发生显著改变[42]。

城市土壤的环境问题主要包括物理退化和化学退化,土壤压实是城市土壤物理退化的一种非常重要的形式。土壤被压实后,结构破坏,孔隙减少,容重增加,土壤透气性、水分渗透性及饱和导水率减小,土壤有效水含量减少,水分调节能力下降;土壤硬度相应增加,树木根系的穿透性阻力增大;压实也导致了土壤中矿物质与水的接触面积减小,O_2 和 CO_2 的扩散变慢。由于这些因素的结合,土壤压实将对城市生态系统产生不良的影响;城市土壤的化学退化主要包括城市土壤磷素富集和富营养化,重金属污染和有机污染物的影响[43]。其中城市土壤重金属污染会产生一系列的生态环境效应,包括生物学效应、大气环境效应和水环境效应。生物学效应主要包括对植物、土壤原生动物、土壤微生物有着严重的影响。对于植物而言,其株高、主根长度、叶面积等生理特征会发生改变;对于原生动物而言,其种类数目会下降,群落多样性减少,原生动物群落呈现简单化和不稳定化,群落演替呈次生演替趋势;重金属污染不仅降低了有机物质的微生物转化效率,从而使微生物在逆境条件下维持其正常生命活动需消耗更多的能量,而且会导致微生物群落的结构和功能多样性的改变。土壤的大气环境效应主要是城市土壤中的重金属通过扬尘进入大气,并最终通过人的呼吸作用而进入人体,从而直接影响到人的身体健康。土壤的水环境效应则是城市土壤表层积累了大量重金属元素,经过地表径流导致地表水污染,也对地下水构成威胁[44]。

打造健康良好的城市土壤环境,需要土壤治理与修复技术的深度研究和投入,城市土壤污染治理成为绿色城市环境建设中的重要一环,深度健全和发展土壤污染防治综合体系,建立制度保障,展现指导与规范效果,针对土壤污染的隐蔽性和滞后性,健全土壤环境信息公开平台,充分掌握城市土壤质量的发展变化和趋势;对于城市内部的工业建设土地利用情况进行详细摸排,推行绿色城市土壤利用与发展的新的治理体系,探索城市土地绿色规划的可行性,为绿色城市的整体建设与规划打下坚实的基础。

(4)具有功能多样、种类丰富的城市生物多样性

城市生物多样性是在城市范围内各种生物体有规律地结合在一起所体现出来的基因、物种和城市生态系统的分异程度,是城市发展的自然本底以及最重要的城市公共资源之一。城市生态多样性不仅可以提供美学与文化服务价值,还可以调节水、空气、土壤的供给和品质,为提高城市空气湿度、修复污染土壤、提高土壤肥力和降低噪声提供服务。城市绿化补氧、固碳,吸收太阳辐射,降低空

气污染,保持水的平衡,通过遮荫和蒸散调节城市景观的表面温度,降低热岛效应。城市生物多样性对维护城市系统生态安全和生态平衡,改善城市人居环境具有重要意义[45]。

目前城市生物多样性主要存在以下几个问题:生物数量减少、物种特化、结构简化和功能退化。在城市特化环境的影响下,城市生物的组成也呈现出了明显的特化现象。城市植物的演替过程也受到了人类的剧烈影响,城市植被的动态,无论是形成、更新还是演替,都是在人为干预下进行的,植被演替是按人的绿化政策发展的偏途演替。城市高度特化的生境由于隔离使得动物的迁徙繁衍、植物的传播授粉受限,一些物种在城市区域消失。外来物种入侵占据本地物种的生态位,进一步改变了城市的物种结构[46]。

城市化对生物多样性带来了以下几个方面的影响:土地利用变化导致城市景观格局破碎化,城市生态环境问题导致生物生存环境恶化,人类活动严重干扰城市生物栖息和生存,人类价值观导向问题加剧了城市生物多样性退化。城市中的钢筋水泥、道路交通设施、硬化地表等切割城市景观空间,改变了自然生境的空间格局,生境的破碎化是生物多样性退化的主要原因之一,破碎化使大的生境斑块不断减少,加剧了面积敏感型物种的灭绝概率;破碎化的生境造成了物种之间的隔离效应,使物种迁徙和繁殖受阻;此外,城市生境斑块的破碎化使斑块边缘扩大,增加了外来物种的入侵概率,对城市生物多样性也造成了威胁。环境污染中的大气污染如二氧化硫、氮氧化物、一氧化碳等使得敏感物种减少或消失,水污染带来的黑臭水体导致鱼类大量死亡,依赖水体生活的鸟类减少,噪声污染和光污染对于城市生物多样性也造成了影响,土壤中的重金属污染和富营养化问题使得外来物种的入侵概率增大,喜氮植物大量生长。人类活动和价值观的影响表现出对城市生物多样性的严重影响,如根据人类的好恶改变城市生境结构,改变原有的生物生存条件,往往从观赏性的角度出发,大量引进外来植物,而忽视了本土植物,对安全性产生了一定的影响[46]。

马远等的研究认为,针对城市生物多样性的特征和存在的问题,就绿色城市的生物多样性特征而言,应当注重城市生物多样性的合理规划,在宏观尺度下,构建起城市生物多样性的空间结构基础,生态源地和生境斑块相结合,形成城市中多形态、多功能的绿色生境组合,规划建设绿色城市生态廊道,加强城市生物群落间的连通性,形成绿色生态互联的城市生态网格格局,并通过河流、绿道、交通干线、高压走廊等生态廊道连接,构建城市绿地—湿地—活化地表—污染治理和生态廊道为一体的生态基础设施网络体系。营造多元生境,通过不同的植物种类、空间形态、蓝绿结合等途径,为城市动物提供丰富的生境条件。加快城市生物多样性的相关制度建设,通过相关立法和制度建设,切实保障绿色城市发展空间中人民群众的健康安全,人与自然和谐共生,为绿色生态文明政策的实施提供新思路和看法[46]。

2.4.5 绿色城市的健康特征

绿色城市中动植物生长旺盛,有良好的生存环境和代谢能力。绿色城市中人类具有健康的身体,有良好且舒适的生活、学习、工作、休闲环境。对于绿色城市发展与人类本身,有着类似作用力与反作用力的关系,彼此都相互影响。绿色城市带给人类的影响层面溯其根本,最直接的方面是影响人类的健康。

绿色城市健康定义可以从很多方面理解,其最本质的特征是绿色城市中人群个体拥有健康身心,或者说是绿色城市整体获得健康和良性的发展(或者说城市健康)。例如 Adam Gaffney 等人认为环境和职业性肺病给全球人口带来了发病率和死亡率的巨大负担[47]。在全球范围内进行的研究表明,慢性铍病、煤工尘肺病、矽肺病、石棉肺、肱虫病、病灶、职业性哮喘和污染相关哮喘等多种疾病具有重要的基因间相互作用。由此可见,职业病和城市环境息息相关,职业病中有很多都源自于环境的直接或者间接影响,从而导致多种疾病。水体中的重金属、空气中的颗粒性等有害污染物、土壤中的农药污染、固体垃圾废物的暴露、环境噪声的污染等,对于人体健康都有着严重的影响。《中国心血管健康与疾病报告 2019》指出,在心血管危险因素中,吸烟(54.4%)、超重/肥胖(53.9%)和高血压(51.2%)位居前三位,其次为糖尿病(19.5%)和血脂异常(7.7%)[48]。关于环境污染因素对心血管的影响却往往被忽视,其中重金属是环境常见的污染物,其广泛地分布在土壤和水体中[49]。李沛轩等人指出心血管疾病是当今世界上发病率和致死率最高的疾病,严重影响着人类健康[50]。长时间暴露于重金属环境下,发生心血管疾病的概率会显著增加。2020 年新冠肺炎疫情的暴发,与环境问题息息相关。有研究认为,新冠肺炎是由于人类对于生物多样性的破坏,从而导致病毒的爆发,后通过呼吸道传播,其中空气是最重要的载体之一。自新冠肺炎疫情暴发以来,潜伏时间长、传染速度快等成为其重要的特点。对于我国选择的封城、减少聚集等封锁性政策,Shakil 等人对于新冠疫情与空气污染进行深入研究发现:在封锁期间二氧化氮、二氧化碳、O_3 和 $PM_{2.5}$ 等污染物明显下降,可见所谓的大气污染对于健康的影响的严重程度[51]。病毒只是环境污染中一部分疾病源,另外一部分便是寄生虫,寄生虫会导致人体的各项功能减弱,例如蜱虫吸血会导致人或动物患有红斑狼疮或布鲁氏菌病,肝片吸虫、弓形虫、猪囊尾蚴会导致肝病等严重疾病[52]。而寄生虫往往和土壤污染有密切的关系,土壤寄生虫往往是农村环境监测重点[52-53]。另外寄生虫也会通过食物等传播至人体,对于人类健康造成严重危害。对于固体废物垃圾的暴露,导致的疾病最为典型的是手足口病,手足口病是由肠道病毒感染的疾病,主要的患病对象为 5 岁以下儿童,手足口病的传播方式包括密切接触,或者通过接触被病毒污染的毛巾、玩具、手等引发感染,部分患儿还会通过呼吸道飞沫、饮用或食入被病毒污染的水和食物等感染疾病[54]。而固体废物主要是指生活垃圾(对于危险废物需要按照国家规定处理),生活垃圾的有效处理是手足口病的预防办法之一。环境噪声对于耳部会造成耳鸣、耳痛和听力受损,同时噪声会对人体情绪等方面产生严重影响,大量研究认为职业性噪声接触可导致心血管系统的损伤,包括高血压、冠心病和心肌梗死[55],对于老年人,噪声与阿尔茨海默病有相关联系,噪音会影响大脑和诱导神经退行性疾病的非听觉效应[56]。

由此可见,绿色城市的健康和各类疾病的关联性极强,可以通过绿色城市指标体系衡量其健康特征。对于健康方面其评价标准可以包括空气、水、营养、光、运动、热舒适、声环境、材料、精神、社区和创新等 11 个概念[57]。绿色城市要构建出合理的水循环系统、污水处理系统等水处理设施,对于水治理政策也需要结合城市相应的情况进行部署,将水质要求提升,明确人体健康的水质达标情况和要求。也需要构建出合理的城市能源结构和工业布局,对城市清洁大气的严防严控和实时监测,加强宣传和落实绿色出行的交通政策。除此之外,也要加强城市的绿色建筑,构建出舒适适宜的居住环境。

2.5 绿色城市实践概况

2.5.1 绿色城市发展与建设

在理清绿色城市内涵的基础上,进一步确定其建设内容才能更好地勾勒出城市的发展蓝图。整体上看,建设绿色城市的框架是规划—建设—管控。即首先对城市形态、功能布局、产业发展以及绿色空间等开展科学合理的规划。其次,通过产业绿色化转型、能源高效利用、城市基础设施营造、城市绿色空间建设等手段丰富并改善城市软硬件设施。最后通过建立创新城市的管控体制,促进各级政府由管理型向服务型转变,把改善环境质量和经济平稳发展作为政绩的考核内容,提高城市发展质量。在建设内容上,不同领域研究的关注点不同。生态学家更关注自然资产存量、生态系统为人类提供的福利等;公共健康学旨在防治环境污染所带来的疾病;经济学家关注在城市居住付出的额外费用、环境治理费用;城市规划学家强调城市各功能区的合理布局等。尽管绿色城市的建设内容包罗万象,但其重点依然是环境、健康、社会和经济,概括起来即是城市硬软件设施的建设,因此本研究以此为思路进行归纳总结。

硬件设施建设是维护经济发展以及绿色基础设施、城市通勤等的运行环境。第一,以绿色经济发展为核心,优化城市能源结构,减少煤炭等不可再生资源的使用数量,提高工业、交通、建筑等领域的能源使用效率[58-59]。第二,绿色技术的创新和扩散是可持续发展的基础,包括产业生产工艺、新型绿色建筑技术、绿色节能技术等。技术创新可解决环境污染问题,技术扩散可激发社会公众的环境保护意识,进而影响人的行为[60]。第三,建设城市绿色空间,包括城市绿道、公园、湿地、屋顶绿化、绿色墙等。一方面应尽可能增加城市绿色空间面积,改善居民生活环境;另一方面保证居民平等地享有城市绿色空间的权利。绿化条件好的地区房价一般会高,导致居民享有绿色环境的权利不等。利用城市废弃地块进行公共绿化可一定程度上解决该问题。第四,推行绿色交通。绿色交通以降低能源消耗和废气排放等为主要途径,通过建设以公共交通、慢行交通为主体以及新能源汽车为工具的城市综合交通体系,提高城市交通出行比例,减少公共噪声,缓解交通压力[61-62]。

软件设施建设旨在管好具有主观能动性的人。首先培养居民的绿色环保意识。发展绿色的生活观和消费观被认为是建设绿色城市并维持其绿色健康发展的必要途径[16,63]。为实现绿色城市,居民坚持可持续的生活方式比城市规划以及基础设施建设更为重要。正如陈易所说,"只有在生态思想真正深入人心之后,生态城市的实现才有可能"。其次,环境中污染物大部分来自工业生产。作为企业的管理者和领导者,企业家对绿色发展的认识直接决定了企业工业生产的改进提升。最后,环保体制建设。制定实施强有力的污染物排放标准、改造升级或关闭工艺落后、高耗能、重污染的企业,从源头上减污[64]。

通过对 7 座欧洲绿色城市的分析,Timothy Beatley 在其书中总结了绿色城市的五大原则:可持续土地利用和流动性,能源、气候保护,气候适应性,污染治理,绿化建设[65]。Asgarzadeh 以城市的最小单位建筑为研究对象,进行了建筑中的绿色城市设计研究[66]。Mee 以中国深圳为例,研究了在一个气候变化以及社会经济两极化的市场主导型城市中的绿色城市发展历程[67]。Shen 以多个亚洲城市为例,以建筑、社区、城市的三重视野审视亚洲绿色城市的发展现状[23]。Kaltenegger 对科技与自然结合和从绿色城市到智慧城市的发展以案例分析的形式做了研究[68]。

2011 年,荷兰景观和城市设计师 Michelle de Roo 提出了绿色城市设计导则[69],以经济、健康、和睦、生态、节水、气候、污染诸要素为分析基础,从四个方面对绿色城市设计进行了总体架构:①绿色城市:城市规划设计的关键元素及其与绿色空间的关系;②绿色邻里:从社会学和社区功能上确定绿色空间尺度;③绿色街道:如何改善空气质量和城市小气候;④绿色建筑:探讨怎样使用绿色基础元素增进建筑功能。Chang 认为经济的、低碳的、可住性强的绿色城市,应该拥有绿色低碳设备,并且具有合理的城市化布局,以及最小化的能源消耗等特点[23]。

综上,目前学者对关于绿色城市的建设内容进行了广泛研究,且主要集中在城市规划、降低能源资源使用量及提高其利用效率、绿色基础设施等方面,但在居民健康及环境健康等方面研究尚需深化。第二届联合国环境大会指出,健康问题是将环境问题和社会问题结合的最有价值的途径,通过解毒、脱碳、资源高效利用及生活方式改变以及增强自然生态系统的恢复力等途径实现环境健康,急切需要探索出切实可行的方案以改善居民及环境健康。

2.5.2 欧美国家绿色城市建设概况

(1)美国绿色城市建设

美国许多城市的市长正在努力使他们的城市专注于环保运动。对许多市长来说,他们的目标是把他们的城市变成一座绿色城市。通过繁荣发展实现绿色地位,城市领导人正在采取行动提高空气质量,减少不可再生资源的使用,鼓励建造绿色住宅、办公室和其他建筑,保留更多的绿色空间,支持环保的交通方式,并提供资源回收方案。2005 年 5 月 13 日,美国 60 多个市长在旧金山签署的《城市环境协定——绿色城市宣言》,从单纯的环境转到了人类居住区环境等更为广阔和全面的内容,绿色城市的内涵和外延得到了极大的丰富和拓展。该协定把绿色城市的思想落实到 21 项行动中,涵盖了水、交通、废物减少、城市设计、环境健康、能源及城市自然环境等 7 个方面[70]。此外,2005 年 2 月 16 日,140多个国家批准了一项关于气候变化的国际协定《京都议定书》。当时的西雅图市市长格雷格·尼克尔斯决定在西雅图推动《京都议定书》的愿望。他还鼓励美国其他城市效仿,敦促领导层考虑通过气候保护协议采用《京都议定书》的原则,从而创建一个绿色城市。到 2005 年 6 月,已有 141 位市长签约。到 2009 年年初,935 名市长签署了该协议,影响了 8 300 多万公民。

气候保护协议是绿色城市的基础结构的一部分。通过该协议,城市同意三个行动点:一是通过反对恢复森林的反扩张政策来达到或超过本国城市在《京都议定书》中规定的目标,并对公众进行环境问题教育;二是鼓励州政府和联邦政府制定政策,以达到或超过《京都议定书》对美国所定的温室气体减排目标。三是鼓励立法来减少温室气体排放,建立一个处理国家温室气体排放的系统。

对于希望在绿色城市中生活的人来说,一些研究就可以发现绿色城市发展特点。美国环境保护署(美国 EPA)有一个空气质量指数,对美国各地城市空气中的臭氧和颗粒物进行了排名。绿色城市支持和鼓励环保的公共交通,并提供拼车专用道、自行车道、大量的人行道和市中心的步行道。绿色城市通常已经使用或计划使用替代燃料。这些燃料包括生物质能、水力发电、地热、太阳能和风能。在政府绿色能源网站上会列出使用这些替代燃料的城市。绿色城市有大量的绿色空间和市政回收项目。最后,绿色城市有超过饮用水安全标准和高质量的饮用水。

综上所述,美国城市建设发展的全过程,始终秉承一个核心思想,就是"绿色智慧"发展理念。美国绿色城市发展的核心理念表现为以下[71]:

①主要内涵。美国绿色城市是以科技创新为驱动,以信息化技术为引擎,在遵循生态学、经济学规律的基础上,充分运用系统工程法和现代信息技术,通过推广应用绿色适用技术、创新城市建设模式、改变资源管理和利用方式、城市生产和消费方式,进而推动城市经济、社会、生态协调可持续发展,打造经济繁荣、信息发达、资源高效利用、生态良性循环的新型现代化城市。

②发展模式。美国绿色城市实行低度消耗资源的节约型生产模式,适度消费、理性消费、绿色消费的生活模式,以低能耗、低排放、低污染为基础的经济模式,注重自主科技创新、不断开发新产品、新技术、新工艺的应用技术模式,与世界市场联系日益密切、市场高度开放、资金和人才流动更加广泛和迅速的国际化模式,以及实现城市信息化、智能化、规范化管理的发展模式。

③发展目标。美国绿色城市通过追求城市综合承载能力和服务功能最佳化来实现人与自然、生产与生活和谐共生,达到资源能源高效利用、自然环境清洁健康、基础设施配套完善、居民生活舒适便捷、经济社会和谐文明的发展目标。

(2)欧美国家绿色城市建设概况与小结

绿色城市具有多种表现形式,体现在不同国家、不同城市的各个层面,如城市形态、土地利用、交通模式及城市的经济和管理手段等。欧美绿色城市主义强调的是城市可持续发展思想。2009 年 4 月二十国集团(G20)峰会开幕前夕,联合国环境规划署出台的"全球绿色新政"(Global Green New Deal)和发展绿色经济的倡议得到了许多国家的积极响应。欧盟投资支持发展绿色经济;美国政府划拨 677 亿美元发展清洁能源和节能交通;韩国政府提出"绿色增长"国家战略;日本扩大绿色经济规划;英国政府推出了低碳排放工业战略;法国政府把大量资金用于家庭、办公楼以及政府为低收入者建造的房屋所需的绝热材料上,以减少建筑能耗。报告呼吁各国领导人在两年内(2009—2010年)将全球国内生产总值的1%(约7500亿美元)投入可再生能源等5个关键领域。以下5个方面将引起经济回温、环境可持续和就业市场上极大的改变:①清洁能源和科技,包括回收利用,如推广清洁能源车辆,发展高速列车、公共汽车等便捷公交系统;②发展风能、太阳能、地热、生物质能等可再生和可持续能源;③发展包括有机产品在内的可持续农业;④对淡水、森林、土壤、珊瑚礁等地球生态基础设施进行投资,减少因森林砍伐和退化造成的温室气体排放;⑤可持续性城市,包括城市规划、公共交通、绿色建筑等,提高新旧建筑的能效[72]。

欧洲、美国等已将绿色发展的理念融入城市规划、城市建设、城市管理等各个领域。绿色城市要建设一个天更蓝、地更绿、水更清的美丽家园,而且要融入"绿色、健康、安全"的理念,提高城市绿色竞争力。世界上公认的最早的五大绿色城市是加拿大温哥华(Vancouver,Canada)、法国巴黎(Paris,France)、意大利罗马(Roma,Italy)、澳大利亚悉尼(Sydney,Australia)和巴西库里蒂巴(Curitiba,Brazil)。周武忠[9]的文章结合2005年评选出的全球最绿色城市总结了世界上典型绿色城市特征(表2-3)。

表2-3 欧美国家典型绿色城市一览表
Tab. 2-3 List of Typical Green Cities in European and American Countries

序号	城市名称	特点	绿色特征
1	荷兰阿姆斯特丹	鼓励环保交通工具	阿姆斯特丹财政每年会拨出4 000万美元的预算用于城市基础设施的环保改造。在阿姆斯特丹,37%的市民都骑车出行。阿姆斯特丹市政厅还公布了一项限制旧汽车进入市中心的计划,规定从2009年年底开始,所有1991年之前生产的汽车都将被禁止进入阿姆斯特丹市中心区域,以减少城市的空气污染
2	美国芝加哥	氢气燃料、风力发电	芝加哥市长理查德·达利从1989年上任一直带头植树,为芝加哥创造了50万棵新树的环保纪录。2001年,芝加哥大规模推行的通过"屋顶绿化"储存太阳能和过滤雨水以节省能源的举措取得很大成效,每年为芝加哥市政厅节约1亿美元的能源开支。市政厅还将位于市中心的机场改建为公园,并在公园内建造了一座可容纳1万辆自行车的"车站"。除此之外,芝加哥还是全美第一座安装氢气燃料站的城市。风力发电也是这座"风之城"最可利用的能源之一

续表

序号	城市名称	特点	绿色特征
3	巴西库里提巴	公交系统独特	巴西南部巴拉那州首府库里提巴市,是全球第一批被联合国列为"最适宜居住的5大城市"之一。早在1990年,库里提巴市就被联合国授予"巴西生态之都"和"世界三大生活质量最佳的城市之一"的称号。库里提巴市长是建筑师出身,擅长调整城市中的设施、布局,以达到环保目标。他设计了一种独特的公交系统,候车站犹如巨大的玻璃圆筒,两头分别设出入口,且入口处设有旋转栅栏,以保证有序。公交车地盘与路面持平,使乘客上下车如履平地,以此吸引更多市民放弃私家车,乘坐同样方便舒适的公交车。此外,库里提巴市政厅早在数十年前就禁止市区和近郊兴建工厂
4	德国弗赖堡	太阳能发电	弗赖堡是德国黑森林地区附近的一座小城。弗赖堡市民的环保意识普遍较高。20世纪70年代,这里的市民反对在这里建核电站。弗赖堡是成功将太阳能转化为能源的城市之一。无论是市中心的车站、医院、足球场,还是城市花园和当地的酿酒厂,屋顶或顶篷上都安装了太阳能电池板。1/3的市民出行选择骑自行车。此外,弗赖堡从20世纪80年代开始,就注意垃圾的回收利用。至今,该地区的垃圾数量已减少2/3
5	尼泊尔加德满都	屋顶绿化、建筑限高	尼泊尔首都加德满都依然保留了昔日原始建筑的风貌,但这座城市的环保措施,如"屋顶绿化"、利用太阳能发电和加热等,即使在一些欧洲主流城市也是先进的。此外,为了最大限度减少能耗,加德满都市政厅要求所有建筑高度限制在9英尺(约2.7m)以下
6	英国伦敦	征收车辆"环保税"	2009年2月,伦敦市长肯利文斯通宣布,计划在20年内将伦敦二氧化碳排放量减少60%,使伦敦成为全球最环保的城市。新规划的改革措施覆盖家庭、企业、供电系统和交通4个领域,比如要求伦敦居民减少看电视的时间、换用节能灯泡;全城1/4的供电系统进行改造,将一些发电站迁至居民区附近,以避免在电力能源传输过程中造成浪费。在交通领域,市政厅对于排量大的汽车征收每天25英镑(约210元)的高额"环保税",并在伦敦街头推出自行车出租服务

续表

序号	城市名称	特点	绿色特征
7	冰岛雷克雅末克	氢燃料巴士、地热	冰岛地热资源丰富。在冰岛语中,其首都雷克雅末克的意思就是"冒烟的城市","烟"就是岛上温泉的水蒸气。冰岛在雷克雅末克大力推行将地热和水力作为取暖和电力能源的措施。此外,还推动"百公里耗油量低于 5 升的环保型汽车可以在市区免费停车"等环保活动。预计到 2050 年,雷克雅末克将彻底告别石油燃料,成为欧洲最洁净的城市
8	波特兰	绿色建筑、发展轻轨	波特兰是第一个将节能减排确立为法律的城市。除了"绿色建筑中心",该城市还大力推行环保交通工具,轻轨、巴士和自行车是波特兰市民主要的出行工具。为了鼓励更多市民选择亲近自然的生活方式,波特兰在城内开辟了近 37 万平方千米的绿地以及长为 120 千米、供市民散步和骑脚踏车的专用道
9	新加坡	"零能耗"建筑	作为亚洲的"花园城市",新加坡在环保方面的努力一直有目共睹,长达 12 年的口香糖进口禁止令就是例证。2009 年,新加坡第一座"零能耗"建筑竣工。这座由旧楼改造的建筑,能源利用率比常规建筑高 60%,屋顶采用总面积达 1 300 平方米的太阳能板供电,并与公共电力网相连,可做到电力的互相补充,内部还装有感应器,能自动调节室内的冷气系统
10	加拿大多伦多	LED 照明系统、深层湖水冷却系统	早在 2002 年,多伦多为解决"热岛效应",就已开始在城市建筑的屋顶上种植绿色植物,改善环境质量。2009 年,多伦多宣布用 LED 照明系统取代传统灯泡和霓虹光管,以节省用电,在维护夜景的同时,减少城市的光污染。此外,多伦多市的一些建筑利用安大略湖的湖水冷却降温,以缓解电力供应
11	加拿大温哥华	气候和可再生能源、绿色建筑、绿色交通、清洁水质与水资源节约、洁净空气、绿色经济	气候和可再生能源:消除对化石燃料的依赖; 绿色建筑:在绿色建筑设计和建造方面引领世界发展; 绿色交通:使步行、自行车和公共交通成为首选交通工具; 清洁水质与水资源节约:温哥华享有世界最优质的水的同时减少对水资源的过度使用; 洁净空气:温哥华享受世界最洁净的空气,满足地方及国际最严格的空气质量控制标准; 绿色经济:确保温哥华作为绿色企业圣地的国际声誉。

表 2-3 所示的世界绿色城市是根据美国环境保护署(U. S. Environmental Protection Agency)制定的评判体系评选的。该体系包括能源、交通、绿色的生活方式、循环使用及绿色战略 4 大类的 30 个项目。全面考评城市鼓励居民使用可再生能源的政策,可再生能源的使用,城市公共交通系统使用,城市空气质量,城市绿色建筑,城市绿地,城市循环使用计划的可持续发展等情况。该体系从低碳、节能的角度出发,评判城市创造的绿色生态效益和社会经济效益,但未涉及绿色城市的文化风貌[73]。

2.5.3 中国绿色城市实践与评价

改革开放以来,我国经济发展迅速,城市化进程加快,同时带来了各种环境、能源、交通、卫生、健康等方面的城市问题。针对不同的城市问题,我国各个部门不同时期发起了不同的城市建设运动,对推动城市基础设施建设、改善城市环境、提高人们生活水平、加强城市管理、促进经济社会全面发展起到了积极的作用,奠定了绿色城市建设的基础。

2.5.3.1 中国绿色城市建设的相关政策

促进人与自然关系的协调、走绿色发展之路,已成为当今世界发展的新模式。中国已将绿色发展提高到国家发展的轨道上来。目前,中国环境发展仍面临严峻的挑战和紧迫的任务。生态文明与绿色城市、节能减排与企业责任、绿色食品与食品安全、绿色住宅与绿色能源等具有现实意义的议题,都是中国绿色发展大计。中国许多城市纷纷开展绿色城市建设,但迄今为止,尚无创建成功的绿色城市。

1989 年全国爱卫会在全国范围内开展了创建"卫生城市"活动,它包括 10 个方面的内容和指标,是绿色城市建设的基本要求之一。全国共有 75 个城市(地级市及直辖市,下同)获得此称号。

1990 年我国著名科学家钱学森提出"山水城市",更加强调城市景观特色和城市魅力的创造。1992 年开始,我国开始了"园林城市"的创建活动,侧重考察城市的硬件设施建设和政府的软件管理。全国共有 135 个城市获得此称号。

1994 年开始,由卫生部牵头与联合国世界卫生组织合作开展"健康城市"活动,使人们有一个健康宜人的生活环境。全国共有 6 个城市获得此称号。

1997 年开始,国家环保总局在全国开展创建国家"环境保护模范城市"的活动,并制定了《国家环保模范城市考核指标(试行)》,1998 年对一些指标又做了进一步调整和补充,基本条件之一是必须达到国家"卫生城市"标准。全国共有 54 个城市获得此称号。

2004 年开始建设的"国家森林城市"是指城市生态系统以森林植被为主体，城市生态建设实现城乡一体化发展。2007 年国家林业局（2018 年撤销）制定了《国家森林城市评价指标》。全国共有 27 个城市获得此称号。

同年，建设部向全国发出了创建"生态园林城市"的号召，提出建设"生态园林城市"的新目标，是推动"生态城市"建设，促进城市的可持续发展的阶段性目标。全国共有 11 个生态园林试点城市[73]。

2012 年 9 月，住房和城乡建设部整合了低碳生态城镇试点工作和绿色生态城区示范工作，统称为"绿色生态示范城区"。2012—2014 年批准设立 3 批 19 个绿色生态示范城区，并于 2012 年优选 8 个绿色生态示范城区给予中央财政资金支持。2014 年，中共中央和国务院联合发布《国家新型城镇化规划（2014—2020 年）》，提出"绿色城市"理念，要求创新规划理念，"将生态文明理念全面融入城市发展，构建绿色生产方式、生活方式和消费模式"。2015 年，中共十八届五中全会首次将"绿色"定为五大发展理念之一。同年召开的中央城市工作会议指出，城市发展要把握好生产空间、生活空间、生态空间的内在联系，实现生产空间集约高效、生活空间宜居适度、生态空间山清水秀。2016 年《"十三五"规划纲要》提出"生产方式和生活方式绿色、低碳水平上升。能源资源开发利用效率大幅提高，能源和水资源消耗、建设用地、碳排放总量得到有效控制，主要污染物排放总量大幅减少"的生态环境质量改善目标。城市绿色发展已经成为中国新型城镇化战略的核心举措。2017 年，国家标准《绿色城市评价指标》（征求意见稿）公布。2019 年，中国投资协会、瞭望周刊社等机构发布了中国绿色城市指数报告，排名前十的城市分别为：深圳、厦门、贵阳、海口、福州、重庆、昆明、北京、青岛和珠海[35]。2019 年中国绿色城市指数报告显示，绿色指数排名前三的城市，在人均可支配收入、人均公园绿地面积、空气质量综合指数、人均能源消费量、环境噪声声效等级等指标方面各有优劣。例如，深圳在人均可支配收入、空气质量综合指数方面处于领先地位；厦门在人均可支配收入、人均能源消费量方面排名靠前；贵阳则在人均公园绿地面积、人均能源消费量方面具有明显优势。2021 年 10 月 25 日，中共中央办公厅、国务院办公厅正式对外印发《关于推动城乡建设绿色发展的意见》。文件指出，城乡建设是推动绿色发展、建设美丽中国的重要载体。总体目标是到 2035 年，城乡建设全面实现绿色发展，碳减排水平快速提升，城市和乡村品质全面提升，人居环境更加美好，城乡建设领域治理体系和治理能力基本实现现代化，美丽中国建设目标基本实现。要求促进区域和城市群绿色发展；打造绿色生态宜居的美丽乡村；建设高品质绿色建筑；实现工程建设全过程绿色建造；推动形成绿色生活方式。

2.5.3.2　中国绿色城市示范区建设

2008 年深圳提出了"打造绿色建筑之都"的目标,在大型公共建筑能耗监测、可再生能源建筑应用、建筑废弃物减排与利用、公共建筑节能改造、装配式建筑应用等专项领域,深圳都承担起了先行者的责任,在绿色建筑领域积累了相当多的经验。据统计,截至 2019 年第一季度,深圳绿色建筑面积已经超过 9 544 万平方米,成为国内绿色建筑建设规模、密度最大的城市之一[74]。

2010 年以来,厦门市启动了以"绿色城市"为重点的"四绿"工程建设。经过多年努力,厦门市绿色发展成效显著,荣获"国家森林城市",实现全国文明城市荣誉称号"五连冠",成为福建省首个、全国副省级城市第二个通过验收的国家级生态市。2016 年厦门市获得了全国首批优秀"绿色交通城市"的称号。交通运输行业是城市经济发展的"先行官",也是生态立市的重要基础领域。长期以来,厦门市始终以"大交通、大绿色"为发展导向,把绿色交通作为一项与城市可持续发展、民众美好生活紧密相关的系统性民生工程来推进,通过基础设施生态品质建设,绿色出行模式引领,交通智慧创新发展,绿色交通制度深化,真正实现"生态和谐、普惠民生、智慧引领、管理多元"的城市绿色交通发展模式,形成公众高度满意、社会广泛认可、全国典型示范、国际良好展示的绿色发展新格局[75]。

党的十八大以来,贵阳市认真贯彻落实"五大发展理念",聚焦"生态美",全力推进生态文明建设,让筑城的天更蓝、山更绿、水更清,生态底色愈发亮丽。建设生态文明,需要顶层设计先行。2013 年,贵阳市人大常委会制定了全国首部建设生态文明城市地方性法规——《贵阳市建设生态文明城市条例》,并坚持每年对该《条例》执行情况开展执法检查。2017 年,贵阳市环境空气质量优良天数为 347,优良率达 95.10%;森林覆盖率达 48.66%;绿色经济占地区生产总值比重达 39%,成为中国绿色发展优秀城市[76-77]。

从中国绿色城市建设的优秀案例来看,各个城市在强势推进环境质量改善方面取得了许多经验,包括调整优化产业结构,推进产业绿色发展;调整能源结构,构建清洁低碳高效能源体系;积极调整运输结构,发展绿色交通体系;优化调整用地结构,推进面源污染治理;实施重大专项行动,大幅降低污染物排放;强化区域联防联控,有效应对重污染天气等。

2.5.3.3　中国绿色城市评价的研究状况

综合我国的各项城市建设运动中所命名的卫生城市、健康城市、森林城市、环保模范城市、园林城市的基本内容,大致包括园林绿地、城市生态、基础设施、生活环境、人身健康、社会发展等 6 个方面的指标。园林城市与森林城市均包含园林绿地指标,如城市道路绿化普及率、城市道路绿化达标率、城市公共设施绿地达标率、城市森林覆盖率、公园绿地服务半径覆盖率、公园绿地应急避险场所实施率、建成区绿地率、建成区绿化覆盖率、建成区人均公共绿地、水岸绿化率、林荫路推广率、林荫停车场推广率等。生态城市评价指标从经济发展、社会进步和环境保护等方面建立评价指标体系,而低碳城市评价考核指标体系包括碳排产出、能源消费、交通建筑、资源环境和低碳消费与管理[31]。

对绿色城市的评价,在明确了绿色城市的概念和建设内容后,还需要科学地评价城市绿色发展的水平。绿色城市综合评价的主要目的是通过排名来反映某一时期内各地区绿色发展水平。绿色城市评价角度通常就是设定指标的一级标准,前人多从社会、经济和生态环境出发。如朱斌从绿色环境、绿色发展、绿色资源、绿色社会及绿色管理的角度构建[78];王婉晶从发展转型、社会建设、资源利用、环境保护的角度构建[79];亚洲及欧洲绿色城市评估均从能源供应和二氧化碳排放、建筑和土地利用、交通、垃圾、水资源、卫生、空气质量、环境治理等8个方面对亚洲22个城市进行评价,但现有评价多是对绿色城市的发展现状进行评价,缺少对当前经济状况以及环境背景下向绿色城市转型的评价[80]。

已有的绿色城市评价研究中评价指标体系的一级指标的分类有所不同,但评价指标因子大多相似。在相同的评价指标因子中,生态环境方面有森林覆盖率、建成区绿化覆盖率、城市人均公共绿地、空气质量达标天数、城市生活污水集中处理率、生活垃圾无害化处理率、人均二氧化硫排放量、人均水资源、单位GDP 二氧化硫排放量等指标;经济发展方面有第三产业比重、人均 GDP、万元GDP 能耗、万元 GDP 水耗、工业固体废弃物综合利用率;社会发展方面有最低生活保障覆盖率、万人拥有公共汽车数、城乡居民收入比、城镇化率、环保投资占比、研究与试验经费内部支出占 GDP 比重等共 19 个指标。但限于绿色城市评价问题的复杂性、数据源可获取性等,现有的指标体系无法涵盖或者正确反映一些较为关键的生态因子。比如表征城市居民健康的指标,可用传染病及慢性病发病率、人类预期寿命等指标[81-82];表征城市建筑绿色建设的节能建筑面积以及绿色建筑墙体面积等指标。

此外,绿色城市评价的各指标的交互作用不是那么简单的。构建指标时应注意合理确定权重,并注重各指标间的联系与协调。相关方法上,常用的方法可分为主观赋值法和客观评价法。前者有层次分析法、专家打分法。后者有熵权法、因子分析法、聚类分析法、熵权 TOPSIS 法等。上述均是通过综合评价值表征绿色城市建设状况的。这会造成只要指标因子有数值就一定会对综合值产生影响。但现实情况是一个城市的绿化程度很低,尽管其综合值很高,也不能被作为绿色城市。为解决这一问题,可以借鉴亚洲绿色城市评价中引入合理基准值的做法,所有低于一定水平的城市只能获得最低分,如城市废水处理率,经济学人智库采用 10% 的下限标准,所有低于该水平的城市只能获得零分。

单个指标本身的分级标准需要进一步基于明确的物理意义。常用的对各指标进行标准化生成[0,1]序列的方法。但它一方面忽略复合生态系统内普遍存在的机制的非线性变换的规律;同时当研究区过小的时候,可能一个或多方面的指标并未完全覆盖最优和最差的级别。

2.5.3.4 中国绿色城市发展注意问题

综合以上分析,未来绿色城市发展需要注意以下几点:①有关绿色城市的理论及规划设计尚不成熟,同时需要上层建筑的制度约束以及自下而上的公众参与;需加强利益相关者、不同学科、不同政府部门以及企业之间的对话交流。②在评价工作上,需要注重评价工作中数据的统计与积累,发展科学合理的评价体系、更具有生态学意义的评价指标、合理对指标进行分级及赋予权重,注重区域差异开展针对性的实证研究,关注中小城市的绿色建设。③2018 年中共中央办公厅、国务院办公厅印发了《关于实施中华优秀传统文化传承发展工程的意见》,全国各省市中华优秀传统文化的传承活动开展得如火如荼。在城市化、现代化的进程中,我们需要对历史遗存、乡土文化、民俗风情等文化载体给予足够的重视和传承,这是一个城市悠久生命的永恒延续,没有文化的城市就是水泥森林。如何在绿色城市中更好地体现我国在历史文化与传统上的优势,构建具有中国特色的绿色城市也是需要反思的问题之一[2.83]。④关注城乡协调问题。城市运行很大程度上需要农村提供一定的物质、人力资源及消纳环境污染物的能力等,只有关注城乡建设的整体性才能实现绿色城市发展目标。总之,快速城市化过程中经济发展、资源短缺、环境恶化、社会公平等问题尚未完全解决,而绿色城市包含了居民对美好生活的向往,其建设目标实现需要全社会共同持续的努力。

2.6 可持续城市相关发展模式的评价指标

2.6.1 绿色发展指数

快速城市化使超过一半的全球人口居住在城市地区,但这一过程同时给周边的环境施加了负面的影响。绿色城市指数(green city index)是西门子公司赞助经济学人智库开展的研究项目(表 2-4),用来定量评价和对比全球城市环境绩效,同时为全球环境可持续发展做出重大贡献。目前已经研究的绿色城市涉及全球 120 多个城市,该指数能够帮助城市利益相关者更好地理解城市特定的挑战,也为城市管理者提供了有效的政策支持。绿色城市指数项目涵盖欧洲绿色城市指数、拉丁美洲绿色城市指数、亚洲绿色城市指数、美国和加拿大绿色城市指数、非洲绿色城市指数。

绿色城市指数根据在不同地区的差异性和特异性等适用情况,大致包含 8 至 9 个类别(能源供应和二氧化碳排放、建筑和土地使用、交通、水资源、废弃物、卫生、空气质量和环境治理)及 30 个单项指标,用于衡量城市目前的环境绩效及其为减轻未来的环境影响而做出的努力,并采用一种透明的、一致的、可重现的评分过程对所评估的城市进行比较和排序(即包括综合表现的比较,也包括单个类别表现的比较)。大多数指标采用的是 Min-max 标准化方法,定量指标和定性指标都以 0 到 10 分进行计分。综合指数由所有单项指标的总分组成,各个单项指标以及各个类别的权重所分配的权重是一样的。此外,指数还允许城市按照一定的准则(如人口规模、收入、地区、气温等)进行分组比较。

表 2-4 绿色城市指数指标体系范例(西门子亚洲绿色城市指数)
Tab. 2-4 Example of Green City Index index system

序号	大类	指标	类型	权重	指标描述	标准化方法
1	能源供应和二氧化碳排放	人均 CO_2 排放量	定量	25%	人均能源消耗产生的二氧化碳总排放量,单位:吨/人	最小值—最大值法
		单位 GDP 能耗水平	定量	25%	城市单位 GDP 能源消耗,单位:兆焦/单位 GDP(千美元,按当前的价格计算)	最小值—最大值法
		清洁能源政策	定性	25%	评估城市为减少能耗产生的二氧化碳排放所开展的工作	EIU(The Economist Intelligence Unit,经济学人智库)的分析师按 0 到 10 分进行评分
		改善环境行动计划	定性	25%	评估城市为降低气候变化的速度实施的战略	EIU 的分析师按 0 到 10 分进行打分
2	建筑和土地使用	人均公共绿地面积	定量	25%	包括所有开放的公园、游憩场地、林荫道、水道以及公众可以进入的其他的受保护地区,单位:平方米/人	零—最大值法:采用 100 平方米/人的高基准线防止异常值的出现
		人口密度	定量	25%	人口密度,单位:人/平方千米	最小值—最大值法,采用 10000 人/平方千米的高基准线来抵消行政区划面积定义的差异

续表

序号	大类	指标	类型	权重	指标描述	标准化方法
		生态建筑政策	定性	25%	评估城市为最大限度地减轻建筑对环境产生的影响而开展的工作	EIU 分析师按 0 到 10 分进行打分
		土地使用政策	定性	25%	评估城市为最大限度地减轻城市发展对环境和生态系统产生的影响而开展的工作	EIU 分析师按 0 到 10 分进行评分
3	交通	优越的公共交通网络密度	定量	33%	所有先进公共交通路线的总里程,即 BRT、有轨电车、轻轨和地铁,单位:千米/平方千米城市面积	零—最大值法:采用 0.3 千米/平方千米的高基准线防止异常值的出现
		城市公交交通政策	定性	33%	评估城市为建设可行的公共交通系统而开展的工作,公共交通系统将取代私家车的地位	EIU 分析师按 0 到 10 分进行评分
		降低交通拥堵政策	定性	33%	评估城市为缓解交通拥堵开展的工作	EIU 分析师按 0 到 10 分进行评分
4	废弃物	废弃物收集和处理率	定量	25%	该城市收集的垃圾和卫生填埋场、焚化场或被监管的垃圾回收厂适当进行处理的垃圾在该市产生的垃圾总量中所占的比例	最小值—最大值法
		城市人均垃圾产生量	定量	25%	该城市总的年垃圾生产量,包括未正式收集和处理的垃圾,单位:千克/人	零—最大值法
		垃圾收集与处理政策	定性	25%	评估城市为改善或维持垃圾收集和处理系统以减轻垃圾的环境影响所开展的工作	EIU 分析师按 0 到 10 分进行评分
		垃圾回收与再利用政策	定性	25%	评估城市为减少、循环利用和回收垃圾开展的工作	EIU 分析师按 0 到 10 分进行评分

续表

序号	大类	指标	类型	权重	指标描述	标准化方法
5	水资源	人均耗水量	定量	25%	总的日均耗水量	按照 500 升/人/天的低基准线和 100 升/人/天的高基准线进行评分
		供水系统漏水率	定量	25%	在将水从供应商输送到最终用户的过程中溢漏的水资源在供应的总的水资源中所占的比例,不包括非法获取和现场滴漏的水资源	零—最大值法:采用45%的低基准线防止异常值的出现
		水质改善政策	定性	25%	评估城市为改善地表水和饮用水的水质所开展的工作	EIU 分析师按 0 到10 分进行评分
		水资源可持续政策	定性	25%	评估城市高效地对水资源进行管理的工作	EIU 分析师按 0 到10 分进行评分
6	卫生	能享受到先进卫生服务的人口比例	定量	33%	直接能享受到排污服务或能够就地使用改进的卫生设施如化粪池和不对公共开放的厕所等的人口比例。这一数字不包括开放的公共厕所或下水道和其他大家共用的设施	零—最大值法:采用20%的低基准线防止异常值的出现
		废水处理率	定量	33%	城市污水基本收集处理率	零—最大值法:采用10%的低基准线防止异常值的出现
		环境卫生政策	定性	33%	评估城市为减少由于卫生服务不完善而导致的污染所开展的工作	EIU 分析师按 0 到10 分进行评分
7	空气质量	二氧化氮浓度	定量	25%	年度二氧化氮排放量日均值	按照 80 $\mu g/m^3$ 的低基准线和 40 $\mu g/m^3$ 的高基准线进行评分,防止异常值出现
		二氧化硫浓度	定量	25%	年度二氧化硫排放量日均值	按照 50 $\mu g/m^3$ 的低基准线和 10 $\mu g/m^3$ 的高基准线进行评分,防止异常值出现

续表

序号	大类	指标	类型	权重	指标描述	标准化方法
		悬浮颗粒物浓度	定量	25%	PM_{10} 浓度年日平均值	按照 200 $\mu g/m^3$ 的低基准线和 20 $\mu g/m^3$ 的高基准线进行评分,防止异常值出现
		洁净空气政策	定性	25%	评估城市为减轻空气污染而开展的工作	EIU 分析师按 0 到 10 分进行评分
8	环境治理	环境管理	定性	33%	评估城市的环境管理覆盖的范围	EIU 分析师按 0 到 10 分进行评分
		环境监控	定性	33%	评估城市对环境绩效进行的监控	EIU 分析师按 0 到 10 分进行评分
		公众参与	定性	33%	评估市民参与环境政策程度	EIU 分析师按 0 到 10 分进行评分

参考来源:西门子亚洲绿色城市指标体系。

为贯彻落实《国家新型城镇化规划(2014—2020 年)》,加快新型城镇化标准体系建设,充分发挥标准化对提升我国城镇化质量的引导支撑作用,国家标准委于 2016 年年底组织立项了《绿色城市评价指标》的编制工作。该指标体系构建的核心理念是将生态文明理念"三生"共赢全面融入城市发展,绿色城市建设要求生产是绿色的、生活是绿色的、环境是绿色的,实现生产空间集约高效、生活空间宜居适度、生态空间山清水秀。由于地域差异化,某些指标仅适用于特定区域,为了更完整地覆盖绿色城市建设的各方面,采用"必选+可选"方式设置指标,即每个二级指标均由若干约束性和可选性的三级指标组成,并采用层次分析法确定指标体系的权重。然而指标体系的评价标准在现有的征求意见稿中并未明确,且对不同量纲的各个指标进行标准化处理的方法导则也没有给出进一步的详细说明。

表 2-5 绿色城市评价指标体系
Tab.2-5 Green City Evaluation Index System

一级指标	权重	二级指标	权重	指标类型	三级指标	权重
绿色生产	0.35	资源利用	0.210	必选	可再生能源消费比重(+)	0.016 8
					单位 GDP 能耗(−)	0.037 8
					单位 GDP 水耗(−)	0.037 8

续表

一级指标	权重	二级指标	权重	指标类型	三级指标	权重
绿色生产		资源利用		必选	工业用水重复利用率（+）	0.029 4
					工业固体废物综合利用率（+）	0.029 4
					单位GDP建设用地面积（一）	0.016 8
					环境保护投资占GDP的比重（+）	0.016 8
				可选	单位GDP能耗下降率目标完成率（+）	0.025 2（四选二，均为0.012 6）
					单位GDP二氧化碳排放量（一）	
					建筑废物综合利用率（+）	
					非常规水资源利用率（+）	
		污染控制	0.140	必选	单位GDP氨氮排放量（一）	0.025 2
					单位GDP化学需氧量排放量（一）	0.025 2
					单位GDP氮氧化物排放量（一）	0.025 2
					单位GDP二氧化硫排放量（一）	0.025 2
					工业废水达标排放率（+）	0.025 2
				可选	单位GDP工业固体废物产生量（一）	0.014 0（二选一）
					危险废物处置率（+）	
绿色生活	0.30	绿色市政	0.090	必选	生活污水集中处理率（+）	0.019 9
					供水管网漏损率（一）	0.016 2
					生活垃圾无害化处理率（+）	0.016 2
					生活垃圾清运率（+）	0.019 9
				可选	生活垃圾分类设施覆盖率（+）	0.018 0（四选二，均为0.009 0）
					餐厨垃圾资源化利用率（+）	
					雨污分流管网覆盖率（+）	
					年径流量控制率（+）	
		绿色建筑	0.060	必选	绿色建筑占新建建筑的比例（+）	0.024 0
					大型公共建筑单位面积能耗（一）	0.024 0
				可选	节能建筑比例（+）	0.012 0（二选一）
					屋顶利用比例（+）	

续表

一级指标	权重	二级指标	权重	指标类型	三级指标	权重
绿色生活		绿色交通	0.090	必选	清洁能源公共车辆比例（＋）	0.022 5
					万人公共交通车辆保有量（＋）	0.018 0
					公共交通出行分担率（＋）	0.022 5
				可选	慢行交通网络覆盖率（＋）	0.027 0（四选二，均为0.013 5）
					绿色出行比例（＋）	
					公共事业新能源车辆比例（＋）	
					公共交通站点500米覆盖率（＋）	
		绿色消费	0.060	必选	人均居民生活用水量（－）	0.015 0
					人均居民生活用电量（－）	0.015 0
					人均生活垃圾产生量（－）	0.018 0
				可选	人均生活燃气量（－）	0.012 0（三选二，均为0.006 0）
					节水器具和设备普及率（＋）	
					照明节能器具使用率（＋）	
环境质量	0.65	生态环境	0.116	必选	建成区绿化覆盖率（＋）	0.008 96
					生态恢复治理率（＋）	0.020 16
					生态保护红线区面积保持率（＋）	0.028 0
					综合物种指数（＋）	0.017 92
					本土植物指数（＋）	0.014 56
					人均公园绿地面积（＋）	0.008 96
				可选	建成区绿地率（＋）	0.017 5（二选一）
					公园绿地500米服务半径覆盖率（＋）	
		大气环境	0.042	必选	灰霾日数（－）	0.021 0
					空气质量优良天数（＋）	0.021 0
		水环境	0.070	必选	集中式饮用水水源地水质达标率（＋）	0.017 5
					地下水环境功能区水质达标率（＋）	0.017 5
					地表水劣Ⅴ类水体比例（－）	0.017 5
				可选	地表水环境功能区水质达标率（＋）	0.017 5（二选一）
					地表水达到或好于Ⅲ类水体比例（＋）	

续表

一级指标	权重	二级指标	权重	指标类型	三级指标	权重
环境质量		土壤环境	0.070	必选	受污染土壤面积占国土面积比例（一）	0.024 5
					中度及以上土壤侵蚀面积比（一）	0.024 5
				可选	受污染耕地安全利用率（＋）	0.021 0
					污染地块安全利用率（＋）	（二选一）
		声环境	0.028	必选	环境噪声达标区覆盖率（＋）	0.016 8
					交通干线噪声平均值（一）	0.011 2
		其他	0.028	必选	公众对环境的满意度（＋）	0.014 0
					环境保护宣传教育普及率（＋）	0.014 0

注：表格中（＋）表示正指标，（一）表示逆指标。

来自：国家标准委编制，《绿色城色评价指标》（征求稿），2016。

2.6.2 低碳城市与低碳城市指标体系

全球气候变化是 21 世纪国际社会关注的焦点问题，据统计，全球城市消耗的能源占全球的 75％，温室气体排放量占世界的 80％左右。低碳城市指以低碳经济为发展模式及方向、市民以低碳生活为理念和行为特征、政府公务管理层以低碳社会为建设标本和蓝图的城市。

低碳经济的概念于 2003 年由英国提出；2009 年麦肯锡公司的研究报告《低碳经济路径》呼吁全球向低碳经济转型；近年来世界主要国家都提出了各自的低碳对策，例如《英国低碳转变计划》《面向 2050 年的日本低碳社会情景》；我国的一系列应对策略包括《中国应对气候变化国家方案》《可再生能源中长期发展规划》《2014 中国可持续发展战略报告》等。在此期间，有关城市低碳发展及评估的研究日益受到重视。

低碳竞争指数是由澳大利亚气候研究所与欧洲的第三代环境主义组织（Third Generation Environmentalism Ltd. E3G）联合发布。报告以 G20 国家为参考研究对象，以碳生产率（carbon productivity）的相关系数为依据，由产业组成（sectoral composition）、前期准备（early preparation）、未来繁荣（future prosperity）三个类别组成，细化为 19 个经济变量。其中，产业组成主要由交通部门的人均能源消费量、森林砍伐率、高科技产品出口占比、公路交通规模、由贸易引起的碳排放比重、清洁能源比重等组成；前期准备由炼油效率、电力运输损失、温室气体排放量年增长率、柴油价格、电力碳强度组成;未来繁荣由人力资本、物质资本、自然资本、人口增长率、人均 GDP、创业过程成本组成。国内低碳竞争力指数,是来自中国人民大学气候变化与低碳研究所编著的《中国低碳经济年度发展报告 2011》。指标体系以低碳效率、低碳引导和低碳社会 3 个核心要素作为支撑,以此对中国 31 个省市区的竞争力进行评估。

世界银行编写的《中国可持续性低碳城市发展报告》指出低碳城市并没有普遍接受的定义,主要有两个原因:首先,各个城市的最初碳禀赋有所不同。能源密集型的重工业城市,或者是那些位于北方严寒地区省份,需要大量供暖的城市,绝对碳强度的起点较高。而主要从事服务业或者非能源密集型工业的城市,以及其他供暖和制冷需要较少的处于温和气候地区的城市,其绝对碳强度起点较低。其次,城市最根本的目的是为居民提供经济机会和优质生活,而不单纯是强调减排。危及这一基本事实的行动具有风险,会损害到城市的长期可持续发展。因此,低碳城市的定义首先要强调城市应当如何不受最初碳禀赋的影响,改变碳排放轨迹,同时不影响经济增长的宜居性。报告根据国际经验、中国城市的排放源和决定因素,确立以碳排放量、能源、绿色建筑、可持续交通、合理的城市形态五种类别的低碳指标清单。其中碳排放量细分为人均排放量和排放强度;能源细分为人均能源消耗、能源强度和可再生能源份额;绿色建筑分为商用和住宅建筑每平方米能耗;可持续交通分为绿色交通方式所占份额(步行、骑车或乘坐公共交通市民所占比重);合理的城市形态分为人口密度、住房和附近工作场所混用地。指标涵盖了城市碳足迹的主要决定因素,也与中国政府和城市的优先事项较为符合。

由英国查塔姆研究所联合中国社会科学院于 2010 年制订了低碳经济发展指标体系。这套体系为吉林市的低碳经济发展与吉林市"十二五"规划之间的衔接奠定了基础。指标体系从碳生产力、低碳消费、低碳资源、低碳政策 4 大方面12 个指标制定低碳发展路线。碳生产力包括单位能源和单位产值能耗,或主要工业单位附加值的碳排放 2 个指标;低碳消费包括人均碳排放和人均家庭消费碳排放 2 个指标,消费指标可以用来评价政策对消费者行为的影响;低碳资源包括零能源在一次能源中的比例、单位能源消费碳排放因子、森林覆盖率 3 个指标;低碳政策用于评价现有低碳发展政策和规划、法律法规的成功实施与否以及公众意识水平,主要包括低碳经济发展规划、建立碳排放检测统计和监管机制、公众对低碳经济的认知度、符合建筑物能效标准、非商业性能源的激励措施 5 个指标。

中国科学院城市环境研究所研究组编著的《低碳城市发展途径及其环境综

合管理模式》[31],充分借鉴国内外研究成果,通过专家打分,基于德尔菲法提出一套适于环境管理的低碳城市评价考核指标体系(见表2-6)。

表 2-6　低碳城市评价考核指标体系

Tab. 2 6　Low-carbon city evaluation and assessment index system

准则层(分值)	指标名称(分值)		单位
碳排产出 (22)	人均碳排放(6)		吨/人
	单位GDP碳排放(8)		吨/万元
	单位GDP碳排放减排速率(8)		%
能源消费 (22)	单位GDP能耗(7)		吨标准煤/万元
	单位GDP能耗下降速率(8)		%
	清洁能源使用率(7)		%
交通建筑 (16)	机动车环保定期检测率(3)		%
	人均乘坐公共交通出行次数(5)		次
	新增绿色建筑占有率(4)		%
	新型建筑节能材料占有率(4)		%
资源环境 (20)	建成区绿化覆盖率(4)		%
	森林碳汇强度(8)		%
	万元工业增加值 主要污染物排放强度 (4)	工业废水	吨/万元
		化学需氧量	吨/万元
		SO_2	吨/万元
		烟尘	吨/万元
	$PM_{2.5}$不达标天数(4)		天
低碳管理 (20)	人均生活用能(6)		公斤标准煤/万元
	城镇居民服务性消费比例(3)		%
	低碳发展管理水平(5)		
	公众对低碳认知度(3)		%
	公众环境保护满意率(3)		%

上述衡量城市发展的评价体系中,有些评价体系的指标数量过于庞大且指标内容存在交叉重复,或是定性指标较多,在指标数据的采集获取上存在一定难度,不利于开展大范围的城市考评对比工作;有些指标缺乏相应的评价标准,或是评价标准的确定缺乏稳健合理的科学定量依据,以致在评价中难以真正掌握

城市绿色发展的水平及与国内外发展水平较高的城市在特定方面的差距;指标体系的标准化处理方法常不够明确,权重的确定亦缺乏相应的依据;指标体系往往倾向于采用"统一的标准"和"唯一的评判准则",仅适于用来评价结果的达标与否或是衡量城市之间的高低优劣,而不适用于对具有不同特征属性的评价对象进行分类管理和推进。

2.7 绿色城市指标体系研究

绿色城市指标体系作为绿色城市评价标准,其指标设置和评价方法对绿色城市的规划设计、运营、管理等具有重要的导向作用,意义非凡。近年来,国内外政府部门与相关机构对绿色城市评价指标体系进行了探讨,如表 2-7 所示。国外相关机构对于指标体系的研究相对较早,联合国可持续发展委员会(United Nations Commission on Sustainable Development)在 1995 年就批准实施了"可持续发展指标工作计划"(Work Programme on Indicators of Sustainable Development)并提出了初步指标体系,同时联合国统计局(United Nations Statistics Division)也提出了包含 88 个指标的可持续发展指标体系[84]。在 2000 年提出的千年发展目标到期后[78],联合国提出了 2030 可持续发展目标(Sustainable Development Goals,SDGs),随后 Wang 等基于可持续发展的 17 项目标,构建了由 52 个基础指标组成的适用于中国省级尺度的中国可持续发展评价指标[80]。LEED-ND 指标体系较为完善,但部分指标与中国城市难以衔接[81-82],欧盟也针对欧洲的城市设立了 EEA 与 EGCA[83,85]。经济学人智库与西门子公司从 2009 年起相继推出了分别针对欧洲、拉丁美洲、亚洲、美国和加拿大、非洲的绿色城市指数报告[86-88],为全球城市绿色发展评价提供借鉴。

美国对绿色城市的评定走在世界前列。美国最值得参考和借鉴的是绿色城市评分的体系与标准。在美国的绿色城市评选工作中,统一采用美国人口调查局和美国国家地理协会绿色指南中的数据,数据涵盖了 30 多个门类。2005 年的世界十大绿色城市是根据美国环境保护署制定的评判体系评选的。该体系包括能源、交通、绿色的生活方式、循环使用及绿色战略 4 大类的 30 个项目。全面考评城市鼓励居民使用可再生能源的政策,可再生能源的使用,城市公共交通系统使用,城市空气质量,城市绿色建筑,城市绿地、城市循环使用计划的可持续发展等情况。该体系从低碳、节能的角度出发,评判城市创造的绿色生态效益和社会经济效益,但未涉及绿色城市的文化风貌[89]。欧洲国家城市绿色空间综合评价体系较为成熟,2001—2004 年,欧盟实施了 URGE(Urban Green Environment)研究项目,从社区和城市两个尺度,建立了一套详细、全面、包容各个学科的绿色空间评价指标体系(interdisciplinary catalogue of criteria, ICC)[85]。绿色空间是一个城市内的开敞空间,由私人花园、公园、体育场、小游园、乡村林地及河漫滩地相互连接成的有机体。

虽然国内对绿色城市评价体系的研究属于初级阶段,但得到政府部门的高度重视。21 世纪以来,国家发展改革委、国家统计局、生态环境部、中央组织部以及住房和城乡建设部从不同的角度发布了多个城市评价体系,如表 2-7 所示,其中《绿色城市评价指标(征求意见稿)》从生产、生活与环境 3 个维度构建了较全面的绿色城市指标体系[90]。

除政府部门与权威机构官方发布的考核指标体系以外,国内外也有许多学者从不同角度对绿色城市的评价指标体系进行了深入的探究,通过文献发现,根据学者们构建评价指标体系的角度,可将目前现有的绿色城市评价指标体系分为以下五类。

第一类:大多数学者从生产—生活—生态"三生"维度出发构建指标体系。

城市绿色发展的目的是体现城市的可持续性,需要协调经济、社会、环境三个子系统的稳定发展[91],很多学者以这三个维度为导向构建了包含三个子系统的指标体系。Hossein 等基于经济、社会、环境质量,构建了由 9 个具体指标组成的面向可持续城市的交通系统指标体系[92]。张伟等通过组合式动态评价法,构建了区域生态背景、城市演化阶段、城市综合状况 3 个一级指标及 24 个二级指标[93]。Cheng 等从经济、社会、资源环境 3 个子系统出发,建立了由 28 个指标构成的可持续评价指标体系[94]。Feng 等基于资源消耗、经济发展、社会福利,构建了城市绿色发展转型指标体系,并对中国 286 个城市从 2005 年至 2016年的发展过程进行动态评价,发现中国城市的绿色转型在 2014 年开始处于良性状态[95]。Yuan 等也从这三个维度,构建了由 9 个指标组成的面向 SDGs 的绿色产业指标体系[96]。邵全等针对北京市,构建了由绿色生产、绿色消费、生态环境 3 个一级指标及 46 个二级指标组成的绿色北京指标体系[97]。Li 等从经济、社会、环境 3 个子系统,构建了由 24 个具体指标组成的可持续城市评价指标体系[98]。

也有学者在"三生"框架的基础上,将经济、社会、环境 3 个子系统中的一个或多个进行拆分与整合,形成多个一级指标,其中多数是将环境维度拆分为资源子系统与环境子系统。王婉晶等建立的绿色南京城市建设评价指标体系,将经济、社会、环境 3 个子系统整合,从转型发展、社会建设、资源利用、环境保护 4 个角度设立了 26 项指标,并设立了目标值[90]。石敏俊等运用定量与定性相结合的方法,从环境健康、资源节约、低碳发展、生活宜居 4 个角度构建了由 14 个具体指标构成的城市绿色发展评价指标体系,并对我国 58 个地级市与 25 个国际城市进行了国际比较对比[20]。朱斌等根据绿色环境、绿色发展、绿色资源、绿色社会和绿色管理 5 个子系统构建了由 29 个具体指标组成的绿色城市评价指标体系,并对福建省 9 个地级市进行了评价研究[75]。Deng 等从建筑设施、自然环境、公众满意度、交通运输系统 4 个方面建立了土地利用强度、能源效率、资源消耗、生物多样性、地区环境、能源环境、卫生健康、邻里与社区、设备可访问性、住房负担能力、私人交通工具、公共交通 12 个二级指标以及 18 个具体指标,用来评价城市的可持续性[100]。Nicolas 等从经济与人口、能源、生物多样性、健康、教育等 13 个离散主题构建了 88 个指标[101]。秦伟山等构建了由制度保障、生态人居、环境支撑、经济运行和意识文化 5 个维度及 35 项指标组成的生态文明城市指标体系[102]。石龙宇等构建了包括碳排放、经济发展、社会进步、交通、人居环境和自然环境 6 个类别、13 个具体指标组成的低碳发展评价指标体系[103]。张卫等从经济发展、社会发展、生活质量、环境质量、资源承载构建了由 31 个指标组成的城市可持续发展综合评价指标体系[104]。张欢等针对特大型城市建立了包括生态环境健康度、资源环境消耗强度、面源污染治理效率和居民生活宜居度 4 个方面共 20 个指标的生态文明评价指标体系[105]。杜芸芝建立了包括人口、资源、环境、经济发展 4 个子系统共 32 项指标的绿色厦门城市评价指标体系[106]。Gokhan 等从空气、水资源、能源利用、土地利用、绿色建筑、绿色交通、资源浪费,通过四步分层模糊多准则决策方法,建立了 16 个城市可持续性指标,并通过专家打分分配权重系数[107]。

还有学者从某一个维度出发,针对城市绿色发展中的某一方面构建指标体系。刘润佳等基于城市紧凑度与城镇化的耦合,构建了包括土地利用强度、经济紧凑、人口紧凑、交通紧凑、人口城镇化、经济城镇化、空间城镇化、交通城镇化 8 个一级指标、24 个二级指标的紧凑城市评价体系[108]。Luciana 等基于城市固体废物的可持续循环构建了由 9 个方向、49 个指标组成的评价指标体系[109]。林剑艺等通过分解法从能源消耗、废物处理、农业、工业过程、森林 5 个方面设立了由 16 项指标组成的低碳城市综合目标指标体系[110]。Sieting 等从经济发展、能源格局、社会与生活、碳与环境、城市流动性、固体废物、水环境 7 个角度构建了由 20 个定量指标组成的低碳城市指标框架,并为每个指标设立了标准值[111]。

第二类:部分学者从投入产出的经济学角度构建指标体系[112]。

Ma 等基于投入与产出,构建了由 12 个指标构成的适用于我国 285 个地级市的绿色增长效率指标体系[113]。Bian 等基于居民幸福度,从投入产出的角度构建了由 9 个具体指标组成的评价指标体系[114]。

第三类:部分学者基于驱动力—压力—状态—影响—相应的模型(DPSIR)框架构建指标体系[115]。

Ane 等基于驱动力—压力—状态—影响—响应的模型(DPSIR)框架,构建了由 11 个二级指标 22 个三级指标组成的指标体系,并对我国 4 个直辖市 15 个副省级市进行研究,发现我国南部沿海城市普遍比北部地区的城市发展更绿色[116]。Wei 等提出了"活力—压力—组织—状态—弹性—管理"的概念框架,构建了包括 22 个指标的评价指标体系,并对武汉市 2006—2015 年的水环境承载力进行了深入探究,发现农业和工业的发展使武汉市多年来承受着巨大的压力[117]。Satya 等基于压力—状态—响应模型从 7 个角度出发,构建了由 22 个指标组成的面向城市水资源可持续发展的评价指标体系[118]。Xing 等基于"尺度—密度—形态"框架和指数模型构建评价体系,对沈阳市的城市韧性时空变化进行了探究[119]。Lin 等所建立的 EIS 系统通过四个层次,构建出由 19 个指标构成的生态城市指标体系[120-121]。

第四类:针对我国的城市特点,结合数据可获取性,构建出适合我国城市的指标体系。

欧阳志云等结合我国地级以上城市的发展特点,构建了由 12 个指标组成的绿色评价指标体系,并设立了达标值[19]。Hu 等针对我国珠三角地区,采用多源数据的方式从地形和景观、景观活力、生态系统服务、水土保持与人类干预 5 个角度构建了 9 个具体指标,用于评价珠三角地区的生态安全格局[122]。Yang 等采用线性无量纲分析方法,对中国东部、中部、西部的 287 个城市可持续发展的主要影响因素进行了定量的分析,发现西部城市的可持续发展起步较晚,状况较差[134]。

表 2-7　绿色城市指标体系比较

Tab. 2-7　Comparison of green city index system

指标体系名称	机构/作者	指标体系构成
可持续发展 指标体系	联合国可持续 发展委员会	从经济、社会、环境、制度 4 个角度构建了由 134 个指标(经济指标 23 个、社会指标 41 个、环境指标 55 个、制度指标 15 个)组成的初步指标体系,通过检验最终确定了 58 个核心指标(经济指标 14 个、社会指标 19 个、环境指标 19 个、制度指标 6 个)[84]

续表

指标体系名称	机构/作者	指标体系构成
绿色城市指数 (Green City Index)	西门子公司、 经济学人智库	包括欧洲绿色城市指数、拉丁美洲绿色城市指数、亚洲绿色城市指数、美国和加拿大绿色城市指数、非洲绿色城市指数，各指数包含 8 至 9 个类别(二氧化碳排放和能源供应、建筑和土地使用、交通、水资源、废弃物、卫生、空气质量和环境治理)及 30 项具体指标[86-88]
生态低碳城市 评价指标 (ELITE cities)	美国劳伦斯伯克利国家实验室 (周南等)	深入回顾了 16 个国际城市指标体系和中国城市指标体系,基于 SMART 原则,从 8 个角度选取了 33 个关键指标[123]
欧洲能源奖 评价体系(EEA)	EEA 国际办事处	指标体系分为发展与空间规划、市政建筑与设施、供应与处置、流动性、内部组织、交流合作共 6 个类别,共 26 项二级指标与 79 项具体指标[41]
绿色社区 评价体系 (LEED-ND)	美国绿色建筑委员会	包括 5 个主题,13 条先决条件,44 个评价指标,满分 110 分,需满足 13 条先决条件才可进行打分,前 3 个主题分别是明智的选址与连接(27 分)、社区空间设计(44 分)、绿色基础设施与建筑(29 分),共 41 个指标,满分 100 分,另两大主题是加分项目,有 3 个指标,满分 10 分,分别是技术创新(6 分)、区域优选项(4 分)[39,40]
城市环境绩效 综合评估系统 (CASBEE-City)	日本城市环境绩效评估工具委员会	BEE 值由项目的 L 值和 Q 值相除得到。L(Load)为环境负荷指标,Q(Quality)为城市自身综合品质类指标。每类内部又进行了细分。L 类划分为 L1 温室效应气体的排放量、L2 环境负担的降低和 CO_2 的吸收量、L3 抑制 CO_2 排放量来改善其他地区环境的努力三大方面,8 个中类项,5 个小项。Q 类划分为 Q1 环境、Q2 经济、Q3 社会三大方面,10 个中类,以及 29 个小项。其中,环境类大项中,绿地和水面空间比例权重最高;经济类大项中,垃圾回收利用率和环保项目和政策权重最高;社会类大项中,生活环境、公共服务和社会活力权重并列最高[82]
欧洲绿色之都 评价体系 (EGCA)	欧盟环境委员会	包括应对气候变化的贡献、本地交通、土地可持续利用、自然和生物多样性、空气质量、声环境、废弃物产生与管理、水环境、废水处理、生态创新和可持续就业、能源使用、环境综合管理共 12 个类别的指标[83]
绿色之星 评价体系 (Green Star)	澳大利亚绿色建筑委员会	包括管理、室内环境品质、能源、交通、水环境、材料、土地利用、气体排放、创新共 9 大项指标,共 38 个分项指标[83]

续表

指标体系名称	机构/作者	指标体系构成
Localising 城市可持续性指标	可持续城市发展中心(CEDEUS)	从访问与出行、环境与公共卫生、管理、健康、社会公平 5 个角度建立了 29 个指标[124]
国家生态园林城市分级考核标准	住房和城乡建设部	包括综合管理、绿地建设、建设管控、生态环境、节能减排、市政设施、人居环境、社会保障 8 个类别的 64 个基础指标,与园林绿化、生态环境、市政设施、节能减排、社会保障 5 个类别的 26 个分级指标[125]
生态文明建设考核目标体系	国家发展改革委、国家统计局、生态环境部、中央组织部	从 5 个方面共设立了 23 项指标,其中:资源利用(30 分)、生态环境保护(40 分)、年度评价结果(20 分)、公众满意程度(10 分)为 4 个得分项,生态环境事件为扣分项[126]
绿色发展指标体系	国家发展改革委、国家统计局、生态环境部、中央组织部	包括资源利用(29.3%)、环境治理(16.5%)、环境质量(19.3%)、生态保护(16.5%)、增长质量(9.2%)、绿色生活(9.2%)、公众满意程度 7 项一级指标,56 项二级指标[127]
国家节水型城市考核标准	住房和城乡建设部、国家发展改革委	包括基本条件、基础管理指标、技术考核指标 3 大类共 25 项指标[128]
绿色城市评价指标(征求意见稿)	中国标准化研究院	从绿色生产、绿色生活、环境质量 3 个方面设立了 12 个二级指标与 65 个三级指标[90]
国家环境保护模范城市考核指标	生态环境部	从经济社会、环境质量、环境建设、环境管理 4 个方面设立了 23 项具体指标[129]
生态市(含地级行政区)建设指标	生态环境部	从经济发展、生态环境保护、社会进步 3 个方面设立 19 项具体指标[130]
绿色南京城市建设评价指标体系	王婉晶等(2012)	从转型发展、社会建设、资源利用、环境保护 4 个方面共选取了 26 项指标[99]
绿色北京指标体系	邵全等(2015)	分为绿色生产、绿色消费、生态环境 3 个一级指标,46 个二级指标[97]
绿色城市评价指标体系	王淼(2015)	包括环境健康、资源节约、低碳经济、资源建设、技术创新、社会保障 6 类 33 项指标[131]

2.8 绿色城市相关的理论基础

绿色城市是一种新的城市发展模式,其理论体系处于不断地探索、完善和总结过程之中。其理论基础涉及众多学科,包括系统科学、城市学、社会学、管理学、经济学、地学、资源科学、环境科学及相关高新技术科学,以下主要论述几种基础理论和主要观点。

2.8.1 可持续发展理论

在《我们共同的未来》报告中,可持续发展被定义为"既满足当代人的需求又不危害后代人满足其需求的发展",是一个涉及经济、社会、文化、技术和自然环境的综合的动态的概念。可持续发展理论的提出对传统的发展产生了巨大的冲击,由于传统的发展是高投入、高消耗和高消费、高享受作为发展的主要特点,于是它往往重视发展的经济指标和发展的速度和数量,却忽视了发展的质量,即生态保护、资源的综合利用和污染防治,因此可以把它看作是以牺牲环境健康的代价来换取一时经济蓬勃的发展方式。

可持续发展理论的基本内涵就是科学地处理好社会经济发展与环境和生态保育、当代发展与人类社会持续发展之间的关系。可持续发展理论主要包括以下内容:

(1)协调发展理论

发展是可持续发展的前提和基础。协调发展就是经济、社会、人文和环境之间的协调友好发展。而协调发展强调的是经济活动的环境和理性,主要含义是既可满足人类的各种需求和个人能够获得发展,同时又可以使后代享受到环境所带来的健康。

(2)三种生产理论

三种生产理论是指物质材料生产、环境生产和人类自生产之间的相互适应,该理论的主要观点是物质材料生产和环境生产都受人类的控制,它们都是以人类为中介的经济活动,既没有人类的自生产也不会有物质材料生产和环境生产。

(3)环境承载力理论

环境承载力是指在某种情况下,自然环境对人类经济社会活动所能承受的支持能力的临界值。一般来说,区域环境系统对人类经济社会活动的支持能力具有双重性,即相对稳定性和绝对变动性。相对稳定性是指在一段时间内,环境系统的变化很小时,其对人类经济社会活动支持能力的临界值在某一固定数值上下浮动;绝对变动性是指在短时间内,环境系统对人类经济社会活动的支持能力有小幅度波动,而在较长一段时间内,环境系统对人类经济社会活动的支持能力则有非常明显的变化。环境承载力理论是把整体环境作为研究对象,试图找到区域内环境、经济和社会协调发展的突破口。

基于上述内容,在评价绿色城市的发展水平时,应把视角放到城市居民绿色生活、经济效率的提高和生态环境的优化上。在构建绿色城市评价指标体系时,可考虑引入生活垃圾无害化处理率、单位 GDP 能耗等指标。

2.8.2　生态学相关理论

1866 年,德国著名动物学家恩斯特·海克尔(Ernst Haeckel)首次提出生态学这一概念,并指出生态学研究的主要内容是生物体与周围生物及非生物环境之间的关系。在其对生态学原始定义的基础上,生态学受到了不同研究领域和各国学者的热衷,他们又不断赋予生态学新的含义。在这种情形下,生态学的内涵、原理和方法论等内容逐渐迈向成熟的阶段,并在很多生态学分支的领域都得到了发展。在目前人类活动强度和活动范围剧烈扩张的背景下,生态学的研究内容已经不仅仅局限于先前的传统定义,更多的是由环境、经济、社会如何可持续发展衍生出的渗透到不同领域的经济活动。

遵照生态学及其相关理论的要求,人类的所有活动都需要在生态系统物质与能量的普遍联系中和生态系统动态平衡的过程中考察,活动的本质都应当本着生态系统整体与部分、生态系统相互间普遍关联等辩证观点的基础上。发展绿色城市的过程中将会或多或少地破坏生态系统和资源环境,因此,我们应该根据生态学、生态经济学和城市环境生态学等原理和方法论对上述可能导致的影响和破坏进行科学的预测和评价,并提出相应的政策建议来将影响和破坏降到最低。基于以上论述,在构建绿色城市评价指标体系时可考虑引入城区人均公园绿地面积和建成区绿化覆盖率等生态指标。

2.8.3　复合生态系统理论

著名生态学家马世骏(1915—1991)在从综合防治蝗虫灾害到复合生态系统理论的形成中,从系统、综合、整体的观点和方法去认识对象,把握过程,从机理上调节各种生态关系,达到改善系统功能的目的。他概括道,生态学的实质就是协调生物与环境或个体与整体间的辩证关系,协调的实质是综合,是平衡,是和谐,是对立的统一。从而逐渐形成了"整体、协调、循环、自生"的学术思想体系。

马世骏先生根据多年研究生态学的实践和他关于人类社会所面临的人口、粮食、资源、能源、环境等重大生态和经济问题的深入思考,于 20 世纪 70 年代提出了将自然系统、经济系统和社会系统复合到一起的复合生态系统概念,并从复合生态系统的角度提出了可持续发展的思想,同时指出生态工程是实现复合生态系统可持续发展的途径[132]。

社会—经济—自然复合生态系统是指以人为主体的社会系统、经济系统和自然生态系统在特定区域内通过协同作用而形成的复合系统[132]。复合生态系统是人与自然相互依存、共生的复合体系。社会系统、经济系统和自然系统式三个性质各不相同的系统,有着各自的结构、功能、存在条件和发展规律,但他们各自的存在和发展又受其他系统结构和功能的制约。因此,不能将这三个系统割裂开来,而必须将它们视为一个统一的整体,即社会—经济—自然复合生态系统加以分析和研究。社会、经济、自然三个子系统相互依存、相互制约,通过人这一"耦合器"耦合成为复合生态系统。显然,分析人类社会的可持续发展,就是要分析复合生态系统的发生、发展和变化规律以及复合生态系统中的物质、能量、价值、信息的传递和交换等各种作用关系。所以从某种意义上可以说,复合生态系统理论上本质就是一种关于人类社会可持续发展的理论[133]。

2.8.4 可持续城市理论

1991 年,联合国人居署(UN-HABITAT)和联合国环境规划署(UNEP)在全球范围内提出并推行了"可持续城市计划"(Sustainable Cities Programme, SCP)。此后,一些国际组织、国家和地区、专家学者对可持续城市建设理论与途径开展了广泛深入的研究,并从经济发展、社会进步、生态环境、人类福利等不同的角度提出重要的思想和观点。赵景柱等认为可持续城市是具有保持和改善城市生态服务能力,并能够为居民提供可持续福利的城市。这里的生态系统服务是指作为社会—经济—自然复合生态系统的城市为人们的生存与发展所提供的各种条件与过程;福利是指相对比较广义的概念,包括经济、社会、环境等方面的内容。可持续城市要求城市为人们提供可持续福利,即福利总量和人均福利不随时间的推移而减少[2]。表 2-8 列出了可持续城市理论基础和主要观点[2]。

表 2-8 可持续城市理论基础和主要观点

Tab. 2-8 Theoretical Basis and Main Points of Sustainable Cities

基础理论	主要观点
城市多目标协同论	①城市可持续发展是一个多目标、多层次体系,是追求经济发展、社会进步、资源环境的持续支持以及培植持续发展能力相协调发展的多目标模式; ②多目标是相互影响、相互制约,注重多目标之间的交互作用; ③以生态可持续目标为基础、经济可持续目标为主导、社会可持续目标为根本目的的城市可持续发展
城市 PRED 系统理论	①城市是由 PRED 构成的一个自然、社会和经济复杂巨系统,人口处于系统的中心地位; ②系统与环境相互作用是维持城市 PRED 系统耗散结构的外在条件; ③协同作用是城市 PRED 系统形成有序结构的内在动力,左右着系统相变的特征和规律,从而实现系统的自组织
城市生态学理论	①城市是一个开放的、以人为中心的、典型的社会—经济—自然复合生态系统; ②遵循生态原理和规律是城市可持续发展的基础,通过动态及可持续的物质流、能量流、信息流来维持城市的新陈代谢; ③生态学的基本理论如生态系统理论、生态位理论、最小因子理论和生态基区理论等构成城市生态可持续理论体系
城市发展控制论	①城市发展过程是一个动态的可控过程,其中人是控制这个过程的主体; ②信息在城市发展过程中是最活跃、最基本的要素,城市持续发展的调控必须借助于信息,借助不同形式、不同载体的城市发展信息运动去指挥各种城市发展活动的过程; ③信息反馈是实现城市发展控制的基本方法,控制的目标是使城市发展向有序、稳定、平衡的可持续方向发展
城市代谢理论	①城市代谢是一个动态且综合复杂的过程,城市生态系统从外界输入物质与能量,经系统内部的技术、经济、社会过程将其转为不同的服务、产品,为城市及其居民提供必要的支撑,转换后输出产品及废弃物同时也对城市系统产生影响; ②城市代谢关注的是进出城市系统的物质与能量及其对生态环境产生的影响,因此,物质与能量代谢研究已成为城市代谢的主要研究内容; ③可持续城市的特征之一即为城市代谢的高效。城市代谢效率是指城市物质循环、能量流动和信息传递过程中提供社会服务量的效率
城市形态理论	①城市形态是指一个城市的全面实体组成,或实体环境以及各类活动的空间结构和形成,是城市集聚地产生、成长、形式、结构、功能和发展的综合反映; ②城市形态取决于城市规模、城市用地地形等自然条件、城市用地功能组织和道路网结构等因素; ③关于城市形态的紧凑与分散影响到了城市系统的结构与功能,提倡紧凑的交通出行方式以及居住模式,提倡高密度能效是可持续城市建设的基本要求

2.8.5 绿色经济理论

"绿色经济"一词源自英国环境经济学家皮尔斯于 1989 年出版的《绿色经济蓝图》一书。他主张人类应当从生态条件和社会现状出发,建立一种可以持续发展的经济。

自 20 世纪 60 年代来,伴随着西方发达国家工业化进程的加速,进而兴起了绿色经济这样一种可持续发展的新型清洁型经济形式。我国学者季铸教授将绿色经济(Green Economy)定义为:绿色经济是以效率、和谐、持续为发展目标,以生态农业、循环工业和持续服务产业为基本内容的经济结构、增长方式和社会形态。绿色经济是一种全新的三位一体思想理论和发展体系,其包括"效率、和谐、持续"三位一体的目标体系,"生态农业、循环工业、持续服务产业"三位一体的结构体系,"绿色经济、绿色新政、绿色社会"三位一体的发展体系。绿色经济是人类社会继农业经济、工业经济、服务经济之后新的经济结构,是更加效率、和谐、持续的增长方式,也是继农业社会、工业社会和服务经济社会之后人类最高的社会形态,绿色经济、绿色新政、绿色社会是 21 世纪人类文明的全球共识和发展方向。绿色经济是一种新的发展理念、新的发展目标、新的经济结构和新的发展方式,新的人本自然的理念替代了以人为本的旧理念,新的效率、和谐、持续的发展目标替代了传统的单一长目标,新的绿色经济结构替代传统的白色农业、黑色工业为主体的旧经济结构,新的效率、和谐、持续的增长方式替代了低效、冲突、不可持续的旧的增长方式,新的绿色经济、绿色新政、绿色社会也替代了传统社会。

2.8.6 环境库兹涅茨理论

环境库兹涅茨曲线的产生源于库兹涅茨曲线。20 世纪 50 年代,美国著名经济学家西蒙·史密斯·库兹涅茨研究发现收入不均现象与经济增长的关系恰恰展示出了倒 U 形曲线,即随着经济的增长,收入先降低后上升的现象。自 20 世纪 90 年代后,潘那约托和格鲁斯曼等经济学家又发现环境质量与经济增长二者间也具有倒 U 形曲线的现象,后来他们便把这种环境与经济之间先变差再优化的现象称为环境库兹涅茨曲线(EKC)。该现象以环境质量和人均收入之间的变化来阐明经济发展和生态环境的关系。就绿色城市来说,当城市的经济发展程度较差时,其污染程度较低,环境质量相对较优,经济发展水平提高后,环境质量也在逐渐恶化;当经济发展程度达到某一临界点时,恶化的趋势将会反转,即随着经济发展程度的提高,其污染程度会逐渐降低,这一现象称为脱钩。因此,发展绿色城市应当按照绿色城市经济社会活动的碳排放量标准,实现城市生产总值的增速高于城市碳排放量的增速。

参考文献

[1]中国科学院城市环境研究所可持续城市研究组.2010中国可持续城市发展报告[M].北京:科学出版社,2010.

[2]赵景柱,崔胜辉,颜昌宙,等.中国可持续城市建设的理论思考[J].环境科学,2009,30(4):1244-1248.

[3]ANTROP M. Sustainable landscapes contradiction,fiction or utopia？[J].Landscape Urban Plan,2006,75(3,4):187-197.

[4]赵弘,何芬.论可持续城市[J].区域经济评论,2016(3):77-82.

[5]联合国环境规划署.绿色城市宣言(2005)[R].美国:旧金山,2005.

[6]STANNERS D,BOURDEAU P. Europe's Environment:the Dobrís assessment[M]. Copenhagen:European Environment Agency,1995.

[7]United Nations Centre for Human Settlements（Habitat）. An Urbanizing World,Global Report on Human Settlements,1996[R]. Oxford:Oxford University Press,1996.

[8]联合国开发计划署. 2030年可持续发展议程[EB/OL].[2021-12-30]. https://www.fmprc.gov.cn/web/ziliao_674904/zt_674979/dnzt_674981/qtzt/2030kcxfzyc_686343/t1331382.shtml.

[9]周武忠.论绿色城市[J].中国名城,2021,35(4):8-14.

[10]张梦,李志红,黄宝荣,等.绿色城市发展理念的产生、演变及其内涵特征辨析[J].生态经济,2016,32(5):205-210.

[11]王建国.生态原则与绿色城市设计[J].建筑学报,1997,44(7):8-12,66-67.

[12]赵峥,张亮亮.绿色城市:研究进展与经验借鉴[J].城市观察,2013,5(4):161-168.

[13]康艺馨."存量规划"视角下的"绿色城市"建设模式研究[J].广东土地科学,2017,16(3):11-18.

[14]王如松.绿色城市的科学内涵和规划方法(摘要)[J].中国绿色画报,2008(11),24-25.

[15]余猛.绿色城市的指标构建与经济效益[J].城市环境设计.2008(3)：116.

[16]邓德胜,林少华.对湖南绿色城市发展战略的探讨[J].经济地理,2004,24(4):499-502.

[17]MELO C J D，Vaz E，Costa Pinto. Environmental History in the Making[M]. Beilin:Springer,Environmental History,2017.

[18]MATTHEW E K. Green Cities:Urban Growth and the Environment[M]. Washington,DC：Brookings Institution Press,2006.

[19]欧阳志云,赵娟娟,桂振华,等.中国城市的绿色发展评价[J].中国人口·资源与

环境，2009,19(5)：11-15.

[20]石敏俊,刘艳艳. 城市绿色发展:国际比较与问题透视[J]. 城市发展研究，2013，20(05)：140-145.

[21]毕光庆. 新时期绿色城市的发展趋势研究[J]. 天津城市建设学院学报，2005，11(4)：231-234.

[22]刘长松. 欧洲绿色城市主义:理论、实践与借鉴[J]. 环境保护，2017，45(9)：73-77.

[23]SHEN Z, HUANG L, PENG K. Green planning and practices in Asian cities:sustainable development and smart growth in urban environment[M]. Beilin:Springer,2018.

[24]王建国,王兴平. 绿色城市设计与低碳城市规划——新型城市化下的趋势[J]. 城市规划,2011,35(2):20-21.

[25]BEATLEY T. Green urbanism:learning from European cities[M]. Washington:Island Press,2000.

[26]刘巍,蒋伟,孟令晗.绿色城市设计理念在规划设计中的应用[J].城市住宅,2021,28(10):128-129.

[27]UK Government. Our energy future-creating a low carbon economy[R]. Norwich:The Stationery Offifice,2003.

[28]戴亦欣. 低碳城市发展的概念沿革与测度初探[J]. 现代城市研究,2009(11):7-12.

[29]庄贵阳,雷红鹏,张楚. 把脉中国低碳城市发展:策略与方法[M]. 北京:中国环境科学出版社,2011.

[30]World Wildlife Fund. Muangklang low carbon city [EB/OL]. (2014-09- 18)[2014-12-07]. http://wwf. panda. org/what＿we＿do/footprint/cities/urban＿solutions/100＿cases/?229194/muangklang-low-carbon-city.

[31]赵景柱. 低碳城市发展途径及其环境综合管理模式[M]. 北京:科学出版社,2013.

[32]张明斗,冯晓青. 韧性城市:城市可持续发展的新模式[J]. 郑州大学学报(哲学社会科学版)，2018,51(02):59-63.

[33]国家统计局. 第七次全国人口普查公报[EB/OL]. (2021-05-31)[2021-12-10]. http://www.stats.gov.cn/tjsj/tjgb/rkpcgb/qgrkpcgb/.

[34]陈芳,曹晓芸. 人口老龄化对绿色发展的影响研究——以长三角为例[J]. 山东财经大学学报,2021,33(06):34-44.

[35]新华网. 2019中国绿色城市指数TOP50报告[EB/OL].(2019-12-31)[2021-02-20]. http://www.xinhuanet.com/globe/2019-12/31/c_138668624.htm.

[36]胡洪营,孙迎雪,陈卓,等. 城市水环境治理面临的课题与长效治理模式[J]. 环境工程，2019,37(10):6-15.

[37]程建美.基于城市水污染现状及其治理对策研究[J].低碳世界,2020,10(05):33＋35.

[38]韩璐,陈亚玲,高红杰,等.国外城市水环境管理借鉴及启示[J].环境保护科学,2018,

44(01):56-60.

[39]陈希冀,郭青海,黄硕,等.厦门城市水环境景观格局调整与建设探讨[J].生态科学,2018,37(06):97-105.

[40]姚澄宇.我国城市水污染现状剖析与对策初探[J].给水排水,2010,46(S1):138-143.

[41]易鑫.城市大气污染治理策略探究[J].中国资源综合利用,2021,39(11):133-135.

[42]邹超煜,白岗栓,李志熙,等.城市化对土壤环境的影响[J].中国水土保持,2016(11):76-80.

[43]张甘霖,赵玉国,杨金玲,等.城市土壤环境问题及其研究进展[J].土壤学报,2007(05):925-933.

[44]和莉莉,李冬梅,吴钢.我国城市土壤重金属污染研究现状和展望[J].土壤通报,2008(05):1210-1216.

[45]干靓.城市建成环境对生物多样性的影响要素与优化路径[J].国际城市规划,2018,33(04):67-73.

[46]马远,李锋,杨锐.城市化对生物多样性的影响与调控对策[J].中国园林,2021,37(05):6-13.

[47]Gaffney A,DC Christiani. Gene-environment interaction from international cohorts: impact on development and evolution of occupational and environmental lung and airway disease[J].Semin Respir Crit Care Med,2015. 36(3): 347-357.

[48]国家心血管病中心.中国心血管健康与疾病报告(2019)[J].心肺血管病杂志,2020,39: 1157 - 1162.

[49]WU Q, LEUNG J Y S, Geng X, et al. Heavy metal contamination of soil and water in the vicinity of an abandoned e-waste recycling site: implications for dissemination of heavy metals[J].Science of The Total Environment, 2015, 506-507: 217-225.

[50]李沛轩,钟理,郭蕊.重金属镉致心血管疾病的潜在机制及治疗对策[J].中国科学:生命科学,2021,51(09):1241-1253.

[51]SHAKIL M H, MUNIM Z H,TASNIA M, etal. COVID-19 and the environment: A critical review and research agenda[J]. Science of The Total Environment, 141022. doi: 10. 1016/j.scitotenv.2020. 14102.

[52]叶美琼.寄生虫病的危害及防治对策[J].今日畜牧兽医,2021,37(05):88-89.

[53]陈云虹,谢贤良,江典伟,等.芗城区 2015—2018 年农田土壤寄生虫污染监测分析[J].海峡预防医学杂志,2019,25(04):81-83.

[54]刘利华.手足口病患者的感染控制与护理管理探讨[J].中国社区医师,2021,37(36):147-149.

[55]王冬明,戴霞云,陈卫红.职业性噪声接触与心血管疾病关联性的研究进展[J].中华劳动卫生职业病杂志,2021,39(07):555-557.

[56]FERESHTEH BAGHERI, VAHID RASHEDI. Simultaneous exposure to noise and carbon monoxide increases the risk of Alzheimer's disease：a literature review[J].Med Gas Res. 2020;10(2);85-90. doi: 10.4103/2045-9912.285562.

[57]International WELL Building Institute.WELL Community Standard[EB/OL].(2020-02-18)[2020-03-25]. https://v2.wellcertified.com/community-v14/en/overview.

[58]田智宇，杨宏伟.我国城市绿色低碳发展问题与挑战——以京津冀地区为例[J].研究与探讨，2014(11);25-29.

[59]陈可石.绿色城市应把人放在第一位[J].开放导报，2010(6);36-37.

[60]曹霞，张路蓬.企业绿色技术创新扩散的演化博弈分析[J].中国人口・资源与环境，2015,25(7);68-76.

[61]丁金学，梁月林.城市绿色交通发展的回顾与展望[J].交通发展，2013(9)；17-21.

[62]闫见英.绿色交通理念下城市综合交通规划研究[D].舟山：浙江海洋大学，2017.

[63]郭宏慧，赖胜男，王源福.浅析我国的绿色城市设计[J].江西农业大学学报(社会科学版)，2003,2(4)；53-54.

[64]胡鞍钢.中国"十二五"规划与绿色发展.中国水利杂志专家委员会会议暨加快水利改革发展高层研讨会[C].2011，25-27.

[65]RANDOLPH J. A review of "Green cities of Europe;global lessons on green urbanism" [J]. Journal of the American planning association，2013,79(1);101-102.

[66]ASGARZADEH M，KOGA T，YOSHIZAWA N，et al. Investigating green urbanism;building oppressiveness[J]. Journal of Asian architecture and building engineering，2010,9(2);555-562.

[67]MEE K N. Governing green urbanism;the case of Shenzhen,China[J].Journal of urban affairs,2019,41(1);64-82.

[68]KALTENEGGER I,SANTIAGO F H. Integration of nature and technology for smart cities[M]. Berlin;Springer，2016.

[69]ROOM. The green city guidelines[M]. Wormerveer;Zwaan Printmedia,2011.

[70]孙彦青.绿色城市设计及其地域主义维度[D].上海;同济大学,2007.

[71]张荣华，马妮.美国绿色城市发展及其对我国城市建设的启示[J].中国社会科学院研究生院学报,2016(03);125-129.

[72]卢伟.绿色经济发展的国际经验及启示[J].中国经贸导刊,2012,5(16);40-42.

[73]李漫莉，田紫倩，赵惠恩，等.绿色城市的发展及其对我国城市建设的启示[J].农业科技与信息(现代园林),2013,10(01);17-24.

[74]住宅与房地产编辑部.2019"绿博会"之产业分论坛绿色湾区健康人居——记绿色建筑产业发展论坛[J].住宅与房地产 2019,25(11);18-27.

[75]朱斌，吴赐联.福建省绿色城市发展评判与影响因素分析[J].地域研究与开发,2016,35(4);74-78.

[76]郑官怡. 绿色城市创新发展——生态文明贵阳国际论坛2016年年会贵安新区主题论坛综述[J]. 当代贵州,2016,22(28):44-47.

[77]刘晓星."绿色城市"理论及其在贵阳市白云区规划建设中的应用[D]. 南京:河海大学,2005.

[78]王鹏龙,高峰,黄春林,等. 面向SDGs的城市可持续发展评价指标体系进展研究[J]. 遥感技术与应用,2018,33(05):784-792.

[79]联合国. 可持续发展目标[EB/OL].(2015-09-25)[2020-03-07]. https://www.un.org/sustainabledevelopment/zh/.

[80]WANG Y, LU Y, HE G, et al. Spatial variability of sustainable development goals in China:A provincial level evaluation [J].Environmental Development,2020,35:100483.

[81]DANG X, ZHANG Y, FENG W, et al. Comparative study of city-level sustainability assessment standards in china and the united states[J].Journal of Cleaner Production,2020,251.

[82]赵格. Leed-nd与Casbee-city绿色生态城区指标体系对比研究[J]. 国际城市规划,2017,32(01):99-104.

[83]MEIJERING J V, KERN K, TOBI H. Identifying the methodological characteristics of European green city rankings [J].Ecological Indicators,2014,43:132-142.

[84]张志强,程国栋,徐中民. 可持续发展评估指标、方法及应用研究[J]. 冰川冻土,2002,(04):344-360.

[85]陈春娣,荣冰凌,邓红兵. 欧盟国家城市绿色空间综合评价体系[J]. 中国园林,2009,25(03):66-69.

[86]THE ECONOMIST INTELLIGENCE UNIT. European Green City Index [EB/OL].(2009)[2018-08-14]. https://www.siemens.com/global/en/home.html.

[87]THE ECONOMIST INTELLIGENCE UNIT. Asian Green City Index [EB/OL].(2011)[2018-08-14]. https://www.siemens.com/global/en/home.html.

[88]THE ECONOMIST INTELLIGENCE UNIT. US and Canada Green City Index [EB/OL].(2011)[2018-08-14]. https://www.siemens.com/global/en/home.html.

[89]张尔薇.从国外经验看我国的绿色城市之路[J].城市环境设计,2008(3):117-118.

[90]中国标准化研究院. 绿色城市评价指标(征求意见稿)[EB/OL].(2017-11-06)[2020-03-11]. https://www.cnis.ac.cn/ynbm/jhkyc/bzyjzq/gbyjzq/201711/t20171113_25801.html.

[91]孙晓,刘旭升,李锋,等. 中国不同规模城市可持续发展综合评价[J]. 生态学报,2016,36(17):5590-5600.

[92]HAGHSHENAS H, Vaziri M. Urban sustainable transportation indicators for global comparison [J].Ecological Indicators,2012,15(1):115-121.

[93]张伟,张宏业,王丽娟,等. 生态城市建设评价指标体系构建的新方法——组合式

动态评价法[J]. 生态学报，2014，34(16)：4766-4774.

[94]CHENG X，LONG R，CHEN H，et al. Coupling coordination degree and spatial dynamic evolution of a regional green competitiveness system - a case study from china [J]. Ecological Indicators，2019，104：489-500.

[95]FENG Y，DONG X，ZHAO X，et al. Evaluation of urban green development transformation process for chinese cities during 2005 - 2016[J].Journal of Cleaner Production，2020，266. https://doi.org/10.1016/j.jclepro.2020.121707.

[96]YUAN Q，YANG D，YANG F，et al. Green industry development in China：An index based assessment from perspectives of both current performance and historical effort [J]. Journal of Cleaner Production，2020；250.

[97]邵全，肖洋，刘娜. 绿色北京指标体系的构建与评价研究[J]. 生态经济，2015，31 (06)：92-94+102.

[98]LI W，YI P. Assessment of city sustainability—coupling coordinated development among economy，society and environment [J]. Journal of Cleaner Production，2020：256.

[99]王婉晶，赵荣钦，揣小伟，等. 绿色南京城市建设评价指标体系研究[J]. 地域研究与开发，2012，31(02)：62-66.

[100]DENG W，PENG Z，TANG Y-T. A quick assessment method to evaluate sustainability of urban built environment：Case studies of four large-sized chinese cities [J].Cities，2019，89：57-69.

[101]MOUSSIOPOULOS N，ACHILLAS C，VLACHOKOSTAS C，et al. Environmental，social and economic information management for the evaluation of sustainability in urban areas：A system of indicators for thessaloniki，greece [J].Cities，2010，27(5)：377-384.

[102]秦伟山，张义丰，袁境. 生态文明城市评价指标体系与水平测度[J]. 资源科学，2013，35(08)：1677-1684.

[103]石龙宇，孙静. 中国城市低碳发展水平评估方法研究[J]. 生态学报，2018，38 (15)：5461-5472.

[104]张卫，郭玉燕. 城市可持续发展指标体系的研究[J]. 南京社会科学，2006，(11)：45-51.

[105]张欢，成金华，冯银，等. 特大型城市生态文明建设评价指标体系及应用——以武汉市为例[J]. 生态学报，2015，35(02)：547-556.

[106]杜芸芝. 基于 PRED 的厦门绿色城市协调发展评价研究[D]. 福州：福建农林大学,2010.

[107]EGILMEZ G，GUMUS S，KUCUKVAR M. Environmental sustainability benchmarking of the U.S. and Canada metropoles：An expert judgment-based multi-criteria decision making approach [J].Cities，2015，42：31-41.

[108]刘润佳，把多勋. 中国省会城市紧凑度与城镇化水平关系[J]. 自然资源学报，

2020，35（03）：586-600.

[109]DA SILVA L，MARQUES PRIETTO P D，PAVAN KORF E. Sustainability indicators for urban solid waste management in large and medium-sized worldwide cities [J].Journal of Cleaner Production，2019：237.

[110]LIN J，JACOBY J，CUI S，et al. A model for developing a target integrated low carbon city indicator system：The case of xiamen，china [J]. Ecological Indicators，2014，40：51-57.

[111]TAN S，YANG J，YAN J，et al. A holistic low carbon city indicator framework for sustainable development [J].Applied Energy，2017：185：1919-1930.

[112]REMO SANTAGATA，AMALIA ZUCARO，SILVIO VIGLIA，et al. Assessing the sustainability of urban eco-systems through Emergy-based circular economy indicators[J]. Ecological Indicators，2020，109. https://doi.org/10. 1016/j.ecolind.2019. 105859.

[113]MA L，LONG H，CHEN K，et al. Green growth efficiency of Chinese cities and its spatio-temporal pattern [J].Resources，Conservation and Recycling，2019：146：441-451.

[114]BIAN J，REN H，LIU P. Evaluation of urban ecological well-being performance in China：A case study of 30 provincial capital cities [J]. Journal of Cleaner Production，2020：254.

[115]黄经南，敖宁谦，谢雨航. 国际常用发展指标框架综述与展望[J]. 国际城市规划，2019：34（05）：94-101.

[116]PAN A，WANG Q，YANG Q. Assessment on the coordinated development oriented to green city in China [J].Ecological Indicators，2020：116.

[117]WEI X，WANG J，WU S，et al. Comprehensive evaluation model for water environment carrying capacity based on vposrm framework：A case study in Wuhan，China [J]. Sustainable Cities and Society，2019：50.

[118]MAURYA S P，SINGH P K，OHRI A，et al. Identification of indicators for sustainable urban water development planning [J].Ecological Indicators，2020：108.

[119]FENG XINGHUA，XIU CHUNLIANG ，BAILIMIN，et al. Comprehensive evaluation of urban resilience based on the perspective of landscape pattern：A case study of Shenyang city[J].Cities，2020：104.

[120]LIN T，GE R，HUANG J，et al. A quantitative method to assess the ecological indicator system's effectiveness：A case study of the ecological province construction indicators of China [J].Ecological Indicators，2016，62：95-100.

[121]LIN J-Y，LIN T，CUI S-H. Quantitative selection model of ecological indicators and its solving method [J].Ecological Indicators，2012，13(1)：294-302.

[122]HU MENGMENG ，LI ZHAOTIAN ，YUAN MENGJIAO ，et al. Spatial differentiation of ecological security and differentiated management of ecological conservation in the

Pearl River Delta，China[J].Ecological Indicators，2019：104.

[123]ZHOU N，HE G，WILLIAMS C，et al. Elite Cities：A Low-carbon Eco-city Evaluation Tool for China [J].Ecological Indicators，2015，48：448-456.

[124]STEINIGER S，WAGEMANN E，DE LA BARRERA，et al. Localising Urban Sustainability Indicators：The Cedeus Indicator Set，and Lessons from an Expert-driven Process [J]. Cities，2020，101：102683.

[125]住房和城乡建设部. 生态园林城市分级考核标准[EB/OL].(2012-11-26)［2020-03-11］. http：//www.mohurd.gov.cn/wjfb/201212/t20121207_212220.html.

[126]国家发展和改革委员会. 生态文明建设考核目标体系［EB/OL].(2016-12-22)［2020-03-22］. https：//www.ndrc.gov.cn/xxgk/zcfb/tz/201612/t20161222_962826.html.

[127]国家发展和改革委员会. 绿色发展指标体系［EB/OL].(2016-12-22)［2020-03-22］. https：//www.ndrc.gov.cn/xxgk/zcfb/tz/201612/t20161222_962826.html.

[128]住房和城乡建设部. 国家节水型城市考核标准［EB/OL].(2018-02-13)［2020-03-23］. http：//www.mohurd.gov.cn/wjfb/201803/t20180301_235261.html.

[129]生态环境部. 国家环境保护模范城市考核指标及其实施细则(第六阶段)[EB/OL]. (2011-01-18)［2020-03-23］. http：//www.mee.gov.cn/gkml/hbb/bgt/201101/t20110125_200178.htm.

[130]生态环境部. 国家生态文明建设示范县、市指标(试行)［EB/OL].(2011-01-18)［2020-03-23］. http：//www.mee.gov.cn/gkml/hbb/bwj/201601/t20160128_327045.htm.

[131]王淼. 绿色城市评价指标体系研究[D]. 大连市：东北财经大学，2016.

[132]马世骏，王如松. 社会—经济—自然复合生态系统[J]. 生态学报，1984，4(1)：3-11.

[133]赵景柱. 论持续发展[J]. 科技导报，1992，7(4)：13-16.

[134]YANG B，XU T，SHI L. Analysis on sustainable urban development levels and trends in China's cities[J]. Journal of Cleaner Production，2017，141：868-880.

第三章

基于城市分类的绿色城市指标体系构建

3.1 研究背景

3.1.1 研究背景及目的

随着经济高速增长和城市化进程的加快,城市面临着资源枯竭、生态破坏、环境污染、交通拥堵和气候变化等一系列问题,外延式、粗放式的发展模式已不可持续,人们在反思城市发展历程的基础上,逐步形成绿色城市发展理念。在大多数的城市发展理念中,效率、公平与环境可持续发展是相互分离、相互排斥的[1],然而绿色城市则将更高的生产力和创新能力与更低的成本和环境影响相结合[2],试图解决社会经济发展与资源环境之间的矛盾,从而使绿色城市在众多的城市可持续发展理念中脱颖而出[3],受到政府部门和学术界的广泛关注。2005 年,世界范围内 60 多个城市市长在美国旧金山联合签署了《城市环境协定——绿色城市宣言》,探讨城市发展和环境保护问题。2014 年中共中央、国务院印发《国家新型城镇化规划(2014—2020 年)》提出了绿色城市理念。党的十八大把建设生态文明写进党章,十八届五中全会把"绿色"作为中国五大发展理念之一,党的十九大将建设生态文明、推进绿色发展作为新时代坚持和发展中国特色社会主义的基本方略。

绿色城市指标体系是绿色城市规划、建设、评价和管理的重要依据。一个科学合理的评价指标体系不仅能反映绿色城市系统的性质和状态,还能监测城市系统发展的进程[4],提高绿色城市的建设效率,对中国城市实现绿色发展具有重要的引导意义。国内外对生态城市[4-6]、低碳城市[7-8]、宜居城市[9-11]有较全面的研究,与这些城市发展理念相比,绿色城市更加注重通过转变生产生活方式来提高城市的资源环境效率,且是一种动态的发展模式[3]。绿色城市已开展的研究主要集中在理论内涵[12]、发展演变[3]、设计原则[13]和生态系统服务功能[14]等方面,对绿色城市指标体系的研究稍显薄弱[15]。

3.1.2 绿色城市指标体系研究进展

近年来,欧盟、美国、日本和中国等国内外众多机构和学者构建了一系列绿色城市相关的评价指标体系(表3-1)。例如,ICC-City发布时间较早,适用于涉及社会、经济和自然等多维问题的城市绿色空间规划与管理[16]。LEED-ND和CASBEE-City指标体系相对合理完善,符合市场规律,能够充分调动政府部门、开发商和研究人员等的积极性,在国际上比较有代表性[17]。在构建中国的绿色城市指标体系时,要学习国际上绿色城市指标体系的优点,但也要根据中国的实际情况因地制宜。

表 3-1 绿色城市指标体系研究进展
Tab. 3-1 Research Progress in the Green City Index System

时间	机构/作者	名称	主要内容
2004 年	欧盟(陈春娣等,2009)	城市绿色空间综合评价指标体系(ICC-City)	包括数量、质量、使用、规划发展与管理4个准则层,面积、物种多样性、空气质量、安全、教育等35项指标,64项次级指标
2009 年	美国绿色建筑委员会、新城市主义协会、自然资源保护委员会	绿色社区认证体系(LEED-ND)	分为精明选址与社区连通性(27分)、社区规划与设计(44分)、绿色基础设施与建筑(29分)、创新设计(6分)、区域优先(4分)共5大类,12个基础项,51个得分项,共计63个小项。认证级别分为4级:认证级(40~49);银级(50~59);金级(60~79);铂金级(80~110)
2011 年	日本可持续建筑联合会	城市建成环境效率综合评价体系(CAS-BEE-City)	包括环境负荷和城市自身品质2大系统:环境负荷系统分为3大类、8小类、5项指标;城市自身品质系统分为3大类、10小类、29项指标。城市建成环境效率分值由环境负荷系统分值除以城市自身品质系统分值得到,采用5分评价制,分值越高,城市建成环境效率就越高
2011 年	经济学人智库	亚洲绿色城市指数	包括能源供应和二氧化碳排放、建筑和土地使用、交通、垃圾、水资源、卫生、空气质量和环境治理8大类29项指标

续表

时间	机构/作者	名称	主要内容
2011 年	住房和城乡建设部、财政部、国家发改委	绿色低碳重点小城镇建设评价指标(试行)	分为社会经济发展水平(10 分)、规划建设管理水平(20 分)、建设用地集约性(10 分)、资源环境保护与节能减排(26 分)、基础设施与园林绿化(18 分)、公共服务水平(9 分)、历史文化保护与特色建设(7 分)共 7 个类型,35 个项目,62 个指标
2012 年	北京师范大学、西南财经大学、国家统计局	2012 中国绿色发展指数报告	分为省级层面和城市层面,其中城市层面设置经济增长绿化度、资源环境承载潜力、政府政策支持度 3 个一级指标,9 个二级指标,43 个三级指标
2015 年	陕西省住房和城乡建设厅	陕西省绿色生态城区指标体系(试行)	包括土地利用及空间开发、环境与园林绿化、绿色建筑、基础设施、资源与能源、城市经营与管理、历史文化遗产及特色保护、产业共 8 大类,23 小类,60 项指标。分为控制性指标和引导性指标,其中控制性指标 33 项,引导性指标 27 项
2016 年	国家发展改革委、国家统计局、环境保护部、中央组织部	绿色发展指标体系	分为资源利用(29.3%)、环境治理(16.5%)、环境质量(19.3%)、生态保护(16.5%)、增长质量(9.2%)、绿色生活(9.2%)、公众满意程度共 7 个一级指标,56 个二级指标。其中公众满意程度不参与绿色发展指数计算
2016 年	国家发展改革委、国家统计局、环境保护部、中央组织部	生态文明建设考核目标体系	分为资源利用(30 分)、生态环境保护(40 分)、年度评价结果(20 分)、公众满意程度(10 分)、生态环境事件共 5 个目标类别,23 项指标。其中前 4 个目标类别为得分项,生态环境事件为扣分项
2017 年	安徽省住房和城乡建设厅	安徽省绿色生态城市建设指标体系(试行)	包括综合指标、绿色规划引领、绿色城市建设、绿色建筑推广、城市智慧管理、绿色生活倡导 6 个一级指标,40 个二级指标。综合指标为约束项,其他 5 个一级指标分为约束项和评分项
2017 年	国家标准化管理委员会	绿色城市评价指标(征求意见稿)	包括绿色生产、绿色生活、环境质量 3 个一级指标,资源利用、污染控制、绿色市政、绿色建筑、绿色交通、绿色消费、生态环境、大气环境、水环境、土壤环境、声环境、其他共 12 个二级指标,65 个三级指标。其中二级指标分为必选和可选

续表

时间	机构/作者	名称	主要内容
2017 年	住房和城乡建设部	绿色生态城区评价标准(GB/T—51255—2017)	包括规划设计评价和实施运管评价两个阶段,设置土地利用、绿色建筑、生态环境、资源与碳排放、绿色交通、产业与经济、信息化管理、人文共 8 类指标,包括控制项和评分项。分为 3 个等级:一星级(≥50 分)、二星级(≥65 分)、三星级(≥80 分)。自 2018 年 4 月 1 日起实施
2012 年	王婉晶等	绿色南京城市建设评价指标体系	从转型发展、社会建设、资源利用、环境保护 4 个方面共选取了 26 项指标[19]
2014 年	重庆大学、重庆市绿色建筑专业委员会	重庆市绿色低碳生态城区评价指标体系(试行)	包括土地利用和空间、能源与建筑、资源与环境、交通、产业、城市运营管理 6 个部分,分为控制性和引导性两类指标,共 59 个二级指标
2015 年	邵全等	绿色北京指标体系	分为绿色生产、绿色消费、生态环境 3 个一级指标,46 个二级指标[18]
2015 年	王森	绿色城市评价指标体系	包括环境健康、资源节约、低碳经济、资源建设、技术创新、社会保障 6 类 33 项指标[15]
2019 年	黑龙江省住房和城乡建设厅	黑龙江省绿色城市建设评价指标体系(征求意见稿)	采用打分形式,指标总设置分值为 1000 分。城市设计与勘察设计 70 分、建筑施工管理 200 分、市政公共服务 330 分、城市环境秩序 300 分、营商环境优化 100 分。

3.1.2.1　国家评价指标体系述评及其存在的问题

(1)国家标准的最大特点是普适性强,对于各类绿色城市都有较好的适应性。国家标准是一个宏观引导性指标体系,可以引导建设,也可以评价结果。其次,国家标准的评价机制是分阶段评价,规划设计阶段和运营管理阶段。评价指标有定量和定性两种方式,也明确了各项指标的权重和计算方法。此外,国家标准设计的技术创新章节,鼓励各类创新[20]。

(2)国家标准的指标设置和体系构建的适合对象是新建城区,对于既有城区的改造涉及不多,也反映了中国既有城市实现绿色生态的难度。

(3)现阶段对绿色城市的评估方法以审查各类文件为主要方式,同时也反映了公众对于各类指标项在实际生活中的认知和感知性较差。

(4)中国绿色城市建设尚处于起步阶段,指标体系尚存在一些问题。其中,《绿色低碳重点小城镇建设评价指标(试行)》中与绿色发展相关的指标较少,且定性指标较多,在指标数据获取上存在着一定难度。《2012 中国绿色发展指数报告》在产业结构方面设置的指标较多且有重复,但在生态环境方面的关注度不够。国家发展改革委等 2016 年发布的《绿色发展指标体系》和《生态文明建设考核目标体系》是中国生态文明建设评价考核的重要依据,可作为中国绿色城市指标体系构建的重要参考。《绿色城市评价指标(征求意见稿)》较系统全面地构建了全国性的评价指标体系,也采用必选和可选相结合的方式设置指标,但对指标的适用城市没有划分。中国社会经济发展的不均衡现象严重,由于疆域辽阔,陆地面积 9.6×10^6 平方千米,南北距离约 5 500 千米,自北向南跨越了 5 个温度带,导致各城市在生产发展、生活现状和环境背景等方面存在着巨大差异,这些差异性决定了其不同的发展阶段和建设基础。因此,针对不同类型的城市应该设置不同的指标体系。

3.1.2.2　地方性评价指标体系述评及其存在的问题

许多地方政府和学者也提出了适用于本地区的绿色城市指标体系。例如《陕西省绿色生态城区指标体系(试行)》明确规定只适用于陕西省域内城市和新建、改建和扩建的绿色生态城区。《安徽省绿色生态城市建设指标体系(试行)》仅适用于安徽省 16 个地级城市的绿色生态城市建设。还有学者构建的绿色北京指标体系[18]、绿色南京城市建设评价指标体系[19]等,都是从该城市或区域的实际情况出发构建的指标体系,具有一定的实用性和地域特色,但是各地区数据的统计口径和计算方法差异较大,不利于全国城市的评价和对比,具有一定的地域局限性:(1)地方性指标体系是以国家标准为基础制定的,其依据自身的地理特点、经济水平、资源能源和人口等诸多因素的影响,指标体系的侧重点不同,对于国家标准的一级指标项的理解和分类有侧重点和差异,权重比例也有差异,甚至会缺少个别一级指标的内容。地方性指标体系具有唯一性的特点,仅适合特定地方。(2)地方性指标体系的级别参差不齐,有省级标准、市级标准、城区级标准,未来可能还有县、镇级标准,甚至是针对项目而编制的标准。在绿色城市推广的尝试过程中,这是一种必然现象,但是随着理论研究的深入、实践经验的丰富,地方标准的制定也是需要思考的问题。(3)地方性指标体系的内容是对国家标准的有力补充,有利于评价行为的落地执行。表 3-1 所列的已有的地方性标准在定量评价方面采用了各自不同的权重比例和评分计算方法,与国家标准的对比中,未发现明显的关联性。(4)地方性指标体系对于人文、历史文化保护方面指标更加重视,相关内容也更加明确,这是对国家标准的有力补充,也反映出地方性标准兼顾了既有城区改造的问题[20]。

3.1.3 城市分类方法与标准

城市数量多,且城市的人口、面积悬殊,地理环境各异,政治、经济、文化发展水平很不平衡,基础设施状况不一,各城市在教育科技、居民生活、医疗卫生、治安环保等社会发展方面以及市内交通、邮政通信、居民住房、供电、供水、供气等基础设施方面的发展水平参差不齐。另外,城市的经济、社会发展极不平衡,城市之间差异大。这导致了目前对城市类型的界定还模棱两可。各个城市情况不同,这就要求我们在整体上研究城市相关问题时,必须对城市进行科学的分类。将城市进行分类,便于我们了解各个城市的发展状况,从而为我们制定城市的发展决策提供依据。同时,有益于根据不同类型的城市特点制定相应的城市规划方案,使城市经济得到更有利的发展,城市环境得到更有利的维护,城市功能得到更合理的开发利用,进而使得城市可持续性增强[25]。

因此,对绿色城市进行分类,制定区域差异化的绿色城市指标体系,是因地制宜推进绿色城市发展的基础,这对于生产生活、自然环境、发展阶段等方面具有显著差异的中国城市具有重要意义。

(1)城市分类方法

城市分类的研究目的是通过分类结果以指导城市的可持续发展。以城市为对象进行的分级分类研究非常广泛,分类的依据也因人而异。但对其进行整理可发现:城市的分类方法主要以表征城市人口、社会、经济和资源环境等方面的单项指标,或以静态指标和动态指标相结合的综合指标作为划分依据[25]。城市分类理论经历了一般描述、统计描述、统计分析、经济基础分析,发展为现在的多变量分析,实质上是一个由定性描述向定量分析发展、从考虑单因素到多因素发展、主观向客观演进的一个逐渐完善的过程。

(2)城市分类标准

通过对文献资料的梳理可知[25],城市分类主要可根据城市的产生和发展、地域和空间形态、规模、职能和性质等几个方面进行分类。城市分类领域研究较多的仍是针对城市职能开展的分类探究。

城市在某种程度上说是为了满足人类生活所需而发展起来的,为人类提供物质、信息和能量。基于此,许学强等按城市的产生和发展将城市分为 3 类:中心地城市(如大多数集镇、城镇、县城等)、以交通运输为主要职能的城市(如港口城市、铁路枢纽、公路中心等)和以某种专门职能为主的城市(如工业城市、风景城市、大学城等)[25]。总体上,城市分类领域研究较多的仍是针对城市职能开展的分类探究。城市职能是指城市在国家或区域中承担的为外地服务的作用。不同的城市因其具有不同的社会经济发展水平、交通地理位置、人文气候等,因而承担的作用不同。在职能分类研究中,英国、美国和日本等国家的学者早在 20 世纪三四十年代就开始了探索,并取得了一些代表性成果。随后,加拿大、中国、西班牙等国家的学者在国外学者研究的基础上开始了本国的职能分类研究。如美国根据城市职能将城市分为加工工业城市、零售商业城市、综合性城市、批发商业城市、交通运输城市、矿业城市、大学城市、风景休养城市和政治中心城市 9 种类型。

3.1.4 我国城市分类方法

城市分类是为了更好地认识城市、研究城市,进而得出对城市发展更有利的方案。城市分类方法经历了从定性描述向定量分析演进、单一变量向多变量演进、主观向客观演进的一个逐渐完善的过程。目前,我国城市分类方法主要有 4 种:①人口规模法。2014 年发布的《国务院关于调整城市规模划分标准的通知》,以人口数量为统计口径,把中国城市划分为 5 类 7 档:小城市(Ⅰ型小城市、Ⅱ型小城市)、中等城市、大城市(Ⅰ型大城市、Ⅱ型大城市)、特大城市、超大城市。人口规模法仅根据城市人口数量划分城市类型,分类指标单一。城市是一个复杂的系统,在生产、生活和环境等方面都存在差异性,人口规模法虽然简单易行,但不具有科学性和说服力。②行政级别法。世界各国的政治体制与行政组织存在着很大差异,城市行政等级体系也不尽相同。按照中国的城市行政等级体系,可划分为直辖市、副省级城市(计划单列市、省会城市)、地级市、县级市等。行政级别法主要是人为设置,且受政治因素的影响较大。③城市职能法。城市职能是指城市在一定区域内的政治、经济和文化发展中所发挥的作用和承担的分工。根据城市职能的不同可以将城市划分为工业城市、资源城市和旅游城市等不同类型。城市职能法虽然利用了定量分析,科学性较强,但仍具有一定的主观性。④综合指标法。根据研究内容和目标,选取相应的指标建立指标体系,利用 k-means 聚类、模糊聚类(FCM)和神经网络等方法将城市划分为不同类型。张伟等(2014)利用改进的白化权函数灰色聚类法对城市建设地域类型进行划分,提出了组合式动态评价法来构建生态城市指标体系[4],该指标体系具有灵活性和动态性等优点,但是在权重设定方面不可避免地存在主观因素干扰等问题,进而影响到分类结果。自组织特征映射网络(Self-Organizing Feature Maps,SOFM or SOM)与传统的聚类方法相比,能够实现对输入信号的自组织学习,在无导师的情况下,根据其学习规则对输入信息进行自动分类,可减少城市分类的主观性。近年来,该方法在生态学的分区分级研究中应用广泛。王韶伟等(2010)利用 SOFM 神经网络进行生态水文区划[21],施明辉等(2011)利用 SOFM 神经网络对森林健康进行分级评价[22],彭建等(2016)利用 SOFM 神经网络进行生态功能分区[23]。

3.1.5 研究思路

针对中国绿色城市指标体系适用性的问题,本课题组提出一种新思路(图 3-1)[24]。首先,将中国 288 个地级市根据城市的生产发展、生活现状和环境背景情况,运用 SOFM 神经网络方法进行聚类。其次,利用 SMART 原则构建绿色

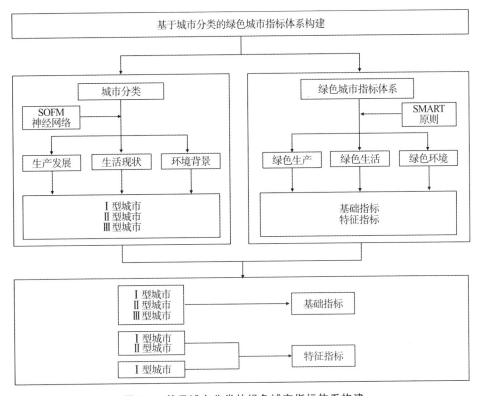

图 3-1 基于城市分类的绿色城市指标体系构建

Fig. 3-1 Construction of a Green City Index System based on city classification

城市指标体系,指标分为基础和特征两类。最后,根据城市分类的结果,对每个指标的适用城市做了详细划分,城市管理者可根据所处的类型选择不同的指标进行评估比较,即建设基础较好的城市设置较高的指标要求,满足其较高的发展需求,而建设基础较差的城市设置较低的指标要求,达到基础指标要求即可。

3.2 城市分类与结果分析

3.2.1 指标选取与数据来源

在遵循科学性和综合性原则的基础上，结合数据的可获取性，运用文献分析法和专家咨询法，选取城市分类指标（表3-2）。为了增加城市之间的可比性，在指标选取时倾向于选取人均、结构和效率性指标，旨在区分城市的发展质量，而非总量。

（1）城市生产发展分类指标

从城市的经济基础、资源利用和污染控制3个重点方向选取7个关键指标。其中，表征经济基础的有人均GDP、第三产业占GDP比重和夜间灯光指数。与经济总量指标相比，人均GDP和夜间灯光指数能更加客观、真实地反映城市之间经济发展状况的差异性。表征资源利用的有单位GDP水耗和单位GDP城市建设用地面积。表征污染控制的有单位GDP工业废水排放量和单位GDP工业二氧化硫排放量。

（2）城市生活现状分类指标

从城市的生活基础、市政、交通和消费4个重点方向选取7个关键指标。其中，表征生活基础的有科技支出占财政支出比重和教育支出占财政支出比重，表征市政状况的有污水集中处理率和生活垃圾无害化处理率，万人公共汽车拥有量表征交通状况，用人均居民生活用水量和人均居民生活用电量表征消费状况。

（3）城市环境背景分类指标

从城市的环境基础、生态和大气3个重点方向选取4个关键指标。其中，用年降水量和年>0℃积温表征环境基础，用城市绿化覆盖率表征生态状况，用空气污染指数（AQI）表征大气状况。AQI是将常规监测的 SO_2、NO_2、PM_{10}、$PM_{2.5}$、O_3 和CO等6种空气污染物综合表征成单一的数值形式，主要反映的是城市整体的空气质量。

城市分类对象为中国288个地级及以上城市。在选取的城市分类指标数据中，人均GDP、第三产业占GDP比重、单位GDP水耗、单位GDP城市建设用地面积、单位GDP工业废水排放量、单位GDP工业二氧化硫排放量、科技支出占财政支出比重、教育支出占财政支出比重、污水集中处理率、生活垃圾无害化处理率、万人公共汽车拥有量、人均居民生活用水量、人均居民生活用电量和绿地面积主要来源于《2016 年中国城市统计年鉴》，其中人均居民生活用水量、人均居民生活用电量部分数据来源于《2015 年中国城市统计年鉴》，另外城市建设用地面积部分数据来源于《2016 年中国城市建设统计年鉴》。城市绿化覆盖率通过绿地面积占城市总面积的比重计算得到。夜间灯光指数通过 2015 年平均夜间灯光亮度（DN 值）数据获得（http://ngdc.noaa.gov/eog/viirs），计算地级市行政边界内栅格数据 DN 值的平均值，得到每个城市的夜间灯光指数。年降水量和 AQI 是在环境云网站（http://www.envicloud.cn）上直接获取的各城市数据。年>0℃积温来源于全球变化科学研究数据出版系统（http://geodoi.ac.cn/WebCn/Default.aspx），获取的原始数据为中国 10 年平均的年>0℃积温的 1 公里空间分辨率的栅格图层，利用城市行政边界对栅格数据进行掩膜提取，计算得到每个城市的年>0℃积温。

表 3-2　城市分类指标

Table 3-2　Urban classification indicators

领域	重点方向	序号	关键指标
城市生产发展	经济基础	A1	人均 GDP
		A2	第三产业占 GDP 比重
		A3	夜间灯光指数
	资源利用	A4	单位 GDP 水耗
		A5	单位 GDP 城市建设用地面积
	污染控制	A6	单位 GDP 工业废水排放量
		A7	单位 GDP 工业二氧化硫排放量
城市生活现状	生活基础	B1	科技支出占财政支出比重
		B2	教育支出占财政支出比重
	市政	B3	污水集中处理率
		B4	生活垃圾无害化处理率
	交通	B5	万人公共汽车拥有量
	消费	B6	人均居民生活用水量
		B7	人均居民生活用电量

续表

领域	重点方向	序号	关键指标
城市环境背景	自然基础	C1	年降水量
		C2	年>0℃积温
	生态	C3	绿化覆盖率
	大气	C4	空气污染指数(AQI)

3.2.2 城市分类方法

神经网络和人类大脑中的神经系统一样,是轴突和树突连接起来的网络,它能够有效地对输入信号进行反应和感知,从大量的输入信号里面,寻找到对最终结果有影响、起决策作用的一些因素,并且实现有效地建模,最终输出结果。自组织特征映射网络(SOFM)是基于无监督学习方法的神经网络的一种重要类型,又称 Kohonen 网络。SOFM 的拓扑结构由输入层和输出层(竞争层)组成,其中输入层为一维,由输入的神经元组成,竞争层可以是一维、二维或多维的,由输出神经元组成。SOFM 主要包括初始化、数据输入、寻找获胜神经元、定义优胜邻域、调整权重值和结束检查六个步骤。

3.2.3 城市分类结果与分析

首先,用 SPSS 24 软件对原始数据进行 Z-score 标准化处理,消除指标之间的量纲影响,经过处理后的数据符合标准正态分布。然后,用 MATLAB R2016a 软件构建 SOFM 神经网络,分类数设置为 3,训练次数设置为 1 000 次,将 3 个领域的分类数据依次输入 SOFM 神经网络,最后得到生产发展、生活现状和环境背景的分类结果(表 3-3)。

城市生产发展分类结果为:生产Ⅰ型、生产Ⅱ型、生产Ⅲ型。生产Ⅰ型城市正向指标的平均值和分类阈值都高于生产Ⅱ型和生产Ⅲ型城市,在 3 种类型城市中最高;其负向指标的平均值和分类阈值都低于生产Ⅱ型和生产Ⅲ型城市,在 3 种类型城市中最低,说明该类型城市的生产发展现状水平较高、建设基础较好。以此类推,生产Ⅱ型城市指标的平均值和分类阈值处于中等位置,说明该类城市的生产发展现状水平和建设基础一般。生产Ⅲ型城市的生产发展现状水平较低、建设基础较差。

表 3-3　城市分类关键指标的平均值统计结果

Table 3-3　Mean statistics of key indicators of city classification

领域	关键指标	城市分类			
		Ⅰ型	Ⅱ型	Ⅲ型	平均值
城市生产发展	人均 GDP(元)	84 776.19	45 168.68	34 122.15	54 689.01
	第三产业占 GDP 比重(%)	49.36	40.76	35.98	42.03
	夜间灯光指数	3.03	0.67	0.37	1.36
	单位 GDP 水耗(吨/万元)	9.81	6.26	4.32	6.80
	单位 GDP 城市建设用地面积(平方米/万元)	11.12	14.70	24.35	16.72
	单位 GDP 工业废水排放量(吨/万元)	3.62	6.69	16.29	8.87
	单位 GDP 工业二氧化硫排放量(千克/万元)	10.40	6.85	15.60	10.95
城市生活现状	科技支出占财政支出比重(%)	3.13	1.15	0.83	1.70
	教育支出占财政支出比重(%)	16.34	15.68	19.90	17.31
	污水集中处理率(%)	89.96	87.84	85.64	87.81
	生活垃圾无害化处理率(%)	98.04	97.17	87.05	94.09
	万人公共汽车拥有量(%)	17.92	8.61	5.53	10.69
	人均居民生活用水量(吨)	62.96	30.46	22.65	38.69
	人均居民生活用电量(千瓦时)	1 415.92	648.76	565.46	876.71
城市环境背景	年降水量(毫米)	1 764.34	1 126.96	533.76	1 141.69
	年>0℃积温(℃)	7 080.30	5 817.47	4 220.06	5 705.94
	绿化覆盖率(%)	40.97	36.38	38.45	38.60
	AQI	62.92	78.24	93.43	78.20

　　根据分类结果,城市生产发展、生活现状和环境背景 3 个领域都划分了 3 种类型,将中国 288 个城市划分为 26 种组合类型(表 3-4)。表 3-4 中"类型"是按照城市生产发展、生活现状、环境背景分类结果的顺序进行排列,例如"Ⅰ—Ⅰ—Ⅰ"表示生产Ⅰ型、生活Ⅰ型、环境Ⅰ型城市。

　　(1)生产Ⅰ型城市的数量为 79 个,占城市总数的 27.43%,主要分布在中国的长三角、珠三角、京津冀和山东半岛等国家级城市群。城市群是区域内的城市发展成熟后,集聚形成的一种空间组织形式,城市群内的城市通过资源优化配置和中心城市的辐射带动作用,进而促进城市自身的发展。以北京市、上海市和广州市为典型代表,主要特点是直辖市、计划单列市和省会城市等行政级别较高的城市,且经济较为发达。由于选用的大多为人均、结构和效率性指标,所以生产

Ⅰ型城市中也包括一些经济总量不大,但经济发展质量较好的城市。生产Ⅱ型城市数量为 82 个,占城市总数的 28.47%,空间格局较为分散。以金华市、洛阳市和大同市为代表,主要特点是经济发展较好的地级市。生产Ⅲ型城市的数量最多,达到了 127 个,占城市总数的 44.10%,主要分布在中西部的内陆地区和华南的部分地区。以景德镇和呼伦贝尔等城市为代表,主要是经济发展较差的地级市。

(2)生活Ⅰ型城市的数量为 71 个,占城市总数的 24.65%,主要分布在中国的长三角和珠三角等东南沿海地区。以北京市、上海市和杭州市为代表,主要特点是城市行政级别较高,生活基础设施较为完善。生活Ⅱ型城市数量为 99 个,占城市总数的 34.38%,主要分布在中国的中部和东北地区。以洛阳市和长春市为代表,生活现状一般。生活Ⅲ型城市的数量最多,达到了 118 个,占城市总数的 40.97%,主要分布在中国的中西部地区。以兰州市和安阳市为代表,生活基础设施条件较差。

(3)由于城市环境背景的分类选用了年降水量和年>0℃积温 2 个气候特征指标,另外 AQI 也受气象条件的影响较大,所以空间格局基本按照南部、中部和北部分布,与中国的南北方分界线相吻合。环境Ⅰ型城市的数量为 97 个,占城市总数的 33.68%,主要分布在秦岭—淮河线以南地区。以厦门市、三亚市和昆明市为代表,主要特点是亚热带季风气候,雨热充沛,环境质量高。环境Ⅱ型城市数量为 59 个,占城市总数的 20.49%,主要分布在秦岭—淮河线附近地区,以南京市和武汉市为代表,雨热条件一般。环境Ⅲ型城市的数量最多,达到了 132 个,占城市总数的 45.83%,主要分布在秦岭—淮河线以北地区。以北京市、沈阳市和和兰州市为代表,主要特点是温带季风气候和温带大陆性气候,雨热条件相对较差,环境质量较低。

(4)城市生产发展、生活现状和环境背景的现状水平都较高、建设基础较好的"Ⅰ—Ⅰ—Ⅰ"型城市有 26 个,占城市总数的 9.02%,主要分布在广东、浙江和江苏等东南沿海省份。现状水平较低、建设基础较差的"Ⅲ—Ⅲ—Ⅲ"型城市达到了 33 个,在所有城市类型中数量最多,占城市总数的 11.46%,主要分布在河南、陕西和山西等中西部省份。另外,"Ⅱ—Ⅰ—Ⅲ""Ⅲ—Ⅰ—Ⅱ"型城市数量最少,均只有 1 个。

表 3-4 城市分类统计表
Tab.3-4 Statistics of urban classification

类型	城市名称	数量（个）
Ⅰ—Ⅰ—Ⅰ	大连市、东莞市、佛山市、福州市、广州市、贵阳市、杭州市、湖州市、惠州市、江门市、昆明市、南昌市、南宁市、宁波市、厦门市、上海市、绍兴市、深圳市、苏州市、台州市、温州市、无锡市、三亚市、长沙市、中山市、珠海市	26
Ⅰ—Ⅰ—Ⅱ	常州市、合肥市、马鞍山市、南京市、南通市、芜湖市、威海市、武汉市、镇江市	9
Ⅰ—Ⅰ—Ⅲ	包头市、北京市、成都市、鄂尔多斯市、克拉玛依市、拉萨市、青岛市、沈阳市、太原市、天津市、乌海市、乌鲁木齐市、西安市、西宁市、扬州市、郑州市	16
Ⅰ—Ⅱ—Ⅰ	海口市、柳州市、张家界市	3
Ⅰ—Ⅱ—Ⅱ	泰州市、重庆市、舟山市	3
Ⅰ—Ⅱ—Ⅲ	鞍山市、本溪市、东营市、抚顺市、哈尔滨市、呼和浩特市、济南市、嘉峪关市、牡丹江市、盘锦市、徐州市、银川市、营口市、长春市、淄博市	15
Ⅰ—Ⅲ—Ⅰ	汕头市、铜仁市	2
Ⅰ—Ⅲ—Ⅲ	大庆市、吉林市、兰州市、石家庄市、烟台市	5
Ⅱ—Ⅰ—Ⅰ	河源市、黄山市、嘉兴市、金华市、泉州市、铜陵市、湘潭市、株洲市	8
Ⅱ—Ⅰ—Ⅱ	蚌埠市、黄石市、盐城市、宜昌市	4
Ⅱ—Ⅰ—Ⅲ	开封市	1
Ⅱ—Ⅱ—Ⅰ	北海市、常德市、池州市、防城港市、桂林市、衡阳市、丽水市、龙岩市、梅州市、萍乡市、衢州市、新余市、阳江市、永州市、岳阳市	15
Ⅱ—Ⅱ—Ⅱ	鄂州市、淮安市、淮南市、丽江市、十堰市、随州市	6
Ⅱ—Ⅱ—Ⅲ	德州市、佳木斯市、连云港市、辽源市、洛阳市、松原市、铁岭市、襄阳市、张家口市	9
Ⅱ—Ⅲ—Ⅰ	安顺市、巴中市、潮州市、茂名市、莆田市、清远市、湛江市、肇庆市	8
Ⅱ—Ⅲ—Ⅱ	广元市、攀枝花市、宿迁市、自贡市	4
Ⅱ—Ⅲ—Ⅲ	白山市、白银市、赤峰市、大同市、固原市、葫芦岛市、济宁市、锦州市、酒泉市、莱芜市、廊坊市、临沂市、陇南市、七台河市、齐齐哈尔市、秦皇岛市、日照市、朔州市、泰安市、唐山市、天水市、铜川市、潍坊市、武威市、阳泉市、枣庄市	26
Ⅲ—Ⅰ—Ⅰ	景德镇市、宣城市、漳州市	3

续表

类型	城市名称	数量（个）
Ⅲ—Ⅰ—Ⅱ	六盘水市	1
Ⅲ—Ⅰ—Ⅲ	眉山市、双鸭山市、通化市	3
Ⅲ—Ⅱ—Ⅰ	安庆市、百色市、郴州市、抚州市、怀化市、九江市、娄底市、普洱市、三明市、汕尾市、韶关市、咸宁市、雅安市、鹰潭市、云浮市	15
Ⅲ—Ⅱ—Ⅱ	滁州市、德阳市、呼伦贝尔市、淮北市、荆门市、绵阳市、吴忠市、孝感市、玉溪市	9
Ⅲ—Ⅱ—Ⅲ	巴彦淖尔市、滨州市、亳州市、沧州市、朝阳市、丹东市、阜新市、海东市、邯郸市、鹤壁市、黑河市、衡水市、焦作市、金昌市、晋城市、聊城市、石嘴山市、绥化市、通辽市、乌兰察布市、许昌市、伊春市、榆林市	23
Ⅲ—Ⅲ—Ⅰ	崇左市、赣州市、贵港市、河池市、贺州市、吉安市、揭阳市、临沧市、南平市、宁德市、钦州市、上饶市、邵阳市、梧州市、宜春市、益阳市、玉林市	17
Ⅲ—Ⅲ—Ⅱ	安康市、保山市、毕节市、达州市、阜阳市、广安市、汉中市、黄冈市、荆州市、来宾市、乐山市、六安市、泸州市、南充市、内江市、曲靖市、商洛市、遂宁市、宿州市、宜宾市、昭通市、资阳市、遵义市	23
Ⅲ—Ⅲ—Ⅲ	安阳市、白城市、宝鸡市、保定市、承德市、定西市、菏泽市、鹤岗市、鸡西市、晋中市、临汾市、漯河市、吕梁市、南阳市、平顶山市、濮阳市、庆阳市、三门峡市、商丘市、四平市、渭南市、咸阳市、忻州市、新乡市、信阳市、邢台市、延安市、运城市、张掖市、长治市、中卫市、周口市、驻马店市	33
合计		288

3.3　基于城市分类的绿色城市指标体系

3.3.1　指标体系构建原则

指标体系构建原则对于评价结果具有重要影响[25-26]。SMART 原则是根据美国马里兰大学管理学及心理学教授洛克目标设置理论在实践中总结出来的，其来源于目标管理，根据研究对象的不同，会有不同的解释。它主要为目标必须是具体的（specific）、可以衡量的（measurable）、可以达到的（attainable）、和其他目标具有相关性（relevant）、具有明确的截止期限（Time-based）。本研究利用该原则来构建绿色城市指标体系，将其定义为：s＝specific（具体的），选取的绿色城市指标不能泛泛而谈，必须是具体的；m＝measurable（可量化的），为更好地指导绿色城市建设实践，选取的指标必须是能获得、可量化的；a＝attainable（可达到的），对指标设立的目标不能过高，也不能过低，最好是在付出努力的情况下可达到的；r＝relevant（相关的）为了使构建的指标体系系统性更强，选取的指标之间是要相关的；t＝trackable（可追踪的），由于城市是不断变化发展的，为了能够长期监测和动态调整，指标必须是可追踪的。

3.3.2 指标体系构建结果与应用

根据城市分类结果，Ⅰ型城市在城市生产发展、生活现状和环境背景的现状条件和建设基础较好，在构建绿色城市指标体系时要设置较高的指标要求。Ⅱ型城市在城市生产发展、生活现状和环境背景的现状条件和建设基础一般在设置指标时要求低于Ⅰ型城市，但高于Ⅲ型城市。Ⅲ型城市较差，在设置指标时要求较低，仅设置基础指标。因此，二级指标根据城市分类的结果，分为基础指标和特征指标，基础指标为每种类型城市的必选指标，特征指标是针对建设基础较好或一般的Ⅰ型和Ⅱ型城市设置的较高要求指标。国家发展改革委等（2016）制定的《绿色发展指标体系》《生态文明建设考核目标体系》和国家标准委（2017）发布的《绿色城市评价指标（征求意见稿）》作为构建中国绿色城市指标体系的主要参考。此外，美国绿色建筑委员会建立并推行的、广泛应用于北美洲的"绿色社区认证体系"（LEED-ND）和日本城市环境绩效评估工具委员会开发并在日本广泛推行的"城市环境绩效综合评估系统"（CASBEE-City）等符合市场规律的国外先进指标体系也予以考虑。最后权衡基础指标和特征指标的比例，构建整个体系。

绿色城市指标体系构建的理论基础是可持续发展理论[27]和社会—经济—自然复合生态系统理论[28]，目标是让城市拥有集约高效的生产活动、宜居适度的生活方式、山清水秀的生态空间。因此，设置绿色生产、绿色生活和绿色环境3个一级指标。根据《国家新型城镇化规划（2014—2020年）》第十八章第一节的内容，设置资源利用、污染控制、绿色市政、绿色建筑、绿色交通、绿色消费、生态环境、大气环境、水体环境、土壤环境、声环境共11项二级指标，其中绿色生产2项、绿色生活4项、绿色环境5项。最终设置三级指标70项，其中绿色生产22项（基础指标12项、特征指标10项），绿色生活26项（基础指标11项、特征指标15项），绿色环境22项（基础指标16项、特征指标6项）。基础指标共39项，特征指标共 31 项。

在进行绿色城市评价时,根据分类结果(表 3-4)确定城市类型,在绿色城市指标体系(表 3-5)中选取相对应类型的指标。Ⅰ型城市选取全部基础指标和全部特征指标,Ⅱ型城市选取全部基础指标和部分特征指标,Ⅲ型城市仅选取基础指标。最后利用选取的指标,设置指标评价标准或指标权重进行绿色城市评价。

3.3.3 指标解释

对指标体系中的部分先进性指标进行解释:①"绿色建筑占新建建筑的比重"是指满足国家标准 GB/T 50378,并获有关部门认证的新建绿色建筑的面积占新建建筑总面积的百分比。②"生态恢复治理率"是指区域内通过人为、自然等修复手段恢复治理的生态系统面积占开发建设过程中受到破坏的生态系统面积的百分比。③"生态保护红线区面积保持率"是指生态保护红线区面积与上一个统计期生态保护红线区面积的百分比。④"综合物种指数"是指全部物种单项物种指数的平均值。⑤"本土植物指数"是指本地植物物种数占全部植物物种总数的百分比。⑥"环境噪声达标区覆盖率"是指按国家标准 GB 3096 中划分的功能区要求达标面积的百分比。该类指标数据在全国层面获取比较困难,但是在单个城市的评价中可以通过调查统计得到。

表 3-5　绿色城市指标体系
Tab. 3-5　The index system of green city

一级指标	二级指标	指标类型	适用城市	三级指标	指标指向
绿色生产	资源利用	基础指标	生产Ⅰ型 生产Ⅱ型 生产Ⅲ型	非化石能源占一次能源消费比重	正向
				单位 GDP 二氧化碳排放量	逆向
				单位 GDP 能耗	逆向
				单位 GDP 水耗	逆向
				单位工业增加值用水量	逆向
				新增建设用地规模	正向
				单位 GDP 城市建设用地面积	逆向
				资源产出率	正向

续表

一级指标	二级指标	指标类型	适用城市	三级指标	指标指向
绿色生产	资源利用	特征指标	生产Ⅰ型 生产Ⅱ型	单位GDP能耗降低率	正向
				单位GDP水耗降低率	逆向
				一般工业固体废物综合利用率	正向
				工业用水重复利用率	正向
			生产Ⅰ型	建筑废物综合利用率	正向
				非常规水资源利用率	正向
	污染控制	基础指标	生产Ⅰ型 生产Ⅱ型 生产Ⅲ型	单位GDP氨氮排放量	逆向
				单位GDP化学需氧量排放量	逆向
				单位GDP二氧化硫排放量	逆向
				单位GDP氮氧化物排放量	逆向
		特征指标	生产Ⅰ型 生产Ⅱ型	环境保护投资占GDP的比重	正向
				危险废物处置率	正向
			生产Ⅰ型	工业废水达标排放率	正向
				单位GDP工业固体废物产生量	逆向
绿色生活	绿色市政	基础指标	生活Ⅰ型 生活Ⅱ型 生活Ⅲ型	公共机构人均能耗	逆向
				生活污水集中处理率	正向
				生活垃圾无害化处理率	正向
				供水管网漏损率	逆向
		特征指标	生活Ⅰ型 生活Ⅱ型	生活垃圾清运率	正向
				雨污分流管网覆盖率	正向
				年径流总量控制率	正向
			生活Ⅰ型	生活垃圾分类设施覆盖率	正向
				餐厨垃圾资源化利用率	正向
	绿色建筑	基础指标	生活Ⅰ型 生活Ⅱ型 生活Ⅲ型	绿色建筑占新建建筑的比重	正向
				大型公共建筑单位面积能耗	逆向
		特征指标	生活Ⅰ型	节能建筑比例	正向
				屋顶利用比例	正向

续表

一级指标	二级指标	指标类型	适用城市	三级指标	指标指向
绿色生活	绿色交通	基础指标	生活Ⅰ型 生活Ⅱ型 生活Ⅲ型	新能源汽车保有量增长率	正向
				万人公共交通车辆保有量	正向
		特征指标	生活Ⅰ型 生活Ⅱ型	公共交通出行分担率	正向
				绿色出行比例	正向
			生活Ⅰ型	慢行交通网络覆盖率	正向
				公共交通站点500米覆盖率	正向
	绿色消费	基础指标	生活Ⅰ型 生活Ⅱ型 生活Ⅲ型	绿色产品市场占有率	正向
				人均居民生活用水量	逆向
				人均居民生活用电量	逆向
		特征指标	生活Ⅰ型 生活Ⅱ型	人均生活垃圾产生量	逆向
				人均生活燃气量	逆向
			生活Ⅰ型 生活Ⅱ型	节水器具和设备普及率	正向
				照明节能器具使用率	正向
绿色环境	生态环境	基础指标	环境Ⅰ型 环境Ⅱ型 环境Ⅲ型	城市森林覆盖率	正向
				城市森林蓄积量	正向
				城市建成区绿地率	正向
				城市湿地保护率	正向
				可治理沙化土地治理率	正向
				生态保护红线区面积保持率	正向
		特征指标	环境Ⅰ型 环境Ⅱ型	城市绿化覆盖率	正向
				生态恢复治理率	正向
				综合物种指数	正向
				本土植物指数	正向
			环境Ⅰ型	人均公园绿地面积	正向
				公园绿地500米服务半径覆盖率	正向
	大气环境	基础指标	环境Ⅰ型 环境Ⅱ型 环境Ⅲ型	空气质量优良天数	正向
				细颗粒物(PM$_{2.5}$)未达标日数	逆向

续表

一级指标	二级指标	指标类型	适用城市	三级指标	指标指向
绿色环境	水体环境	基础指标	环境Ⅰ型 环境Ⅱ型 环境Ⅲ型	地表水达到或好于Ⅲ类水体比例	正向
				地表水劣Ⅴ类水体比例	逆向
				重要江河湖泊水功能区水质达标率	正向
				集中式饮用水水源水质达到或优于Ⅲ类比例	正向
	土壤环境	基础指标	环境Ⅰ型 环境Ⅱ型 环境Ⅲ型	受污染土壤面积占国土面积比例	逆向
				受污染地块安全利用率	正向
	声环境	基础指标	环境Ⅰ型 环境Ⅱ型 环境Ⅲ型	环境噪声达标区覆盖率	正向
				交通干线噪声平均值	逆向

注：本章内容主要来自课题组窦攀烽等的研究《基于城市分类的绿色城市指标体系构建》，生态学杂志，2019，38(6)：1937-1938.

参考文献

[1]HAMMER S. Cities and Green Growth：A conceptual framework[M]. Paris：Oecd Regional Development Working Papers，2011.

[2]SIMPSON R，ZIMMERMANN M. The economy of green cities：A world compendium on the green urban economy[M]. Dordrecht：Springer，2013.

[3]张梦、李志红、黄宝荣，等. 绿色城市发展理念的产生、演变及其内涵特征辨析[J]. 生态经济，2016，32(5)：205-210.

[4]张伟、张宏业、王丽娟，等.生态城市建设评价指标体系构建的新方法——组合式动态评价法[J]. 生态学报，2014，34(16)：4766-4774.

[5]吴琼、王如松、李宏卿，等.生态城市指标体系与评价方法[J].生态学报，2005，25(8)：2090-2095.

[6]王雪、宋雪珺、胡玥，等.上海市"三地"建设评价指标体系与评价方法构建及应用[J]. 生态学杂志，2016，35(08)：2260-2270.

[7]GOMI K，SHIMADA K，MATSUOKA Y，et al. Scenario study for a regional low-carbon society[J]. Sustainability Science，2007，2(1)：121-131.

[8]刘文玲、王灿. 低碳城市发展实践与发展模式[J]. 中国人口·资源与环境，2010，20(4)：17-22.

[9]ARIFWIDODO SD，PERERA R. Quality of Life and Compact Development Policies in Bandung，Indonesia[J].Applied Research in Quality of Life，2011，6(2)：159-179.

[10]DOUGLASS M. From global intercity competition to cooperation for livable cities

and economic resilience in Pacific Asia[J].Environment & Urbanization，2016，14(1)：53-68.

[11]张文忠.宜居城市建设的核心框架[J].地理研究，2016，35(2)：205-213.

[12]COLLINS M. Green Cities：Ecologically Sound Approaches to Urban Space[J].Urban Studies，1991，28(3)：495-497.

[13]杨俊宴，章飙.安全·生态·健康：绿色城市设计的数字化转型[J].中国园林，2018，34(12)：5-12.

[14]李锋，王如松.城市绿色空间生态服务功能研究进展[J].应用生态学报，2004，15(3)：527-531.

[15]王淼.绿色城市评价指标体系研究[D].大连：东北财经大学，2015.

[16]陈春娣，荣冰凌，邓红兵.欧盟国家城市绿色空间综合评价体系[J].中国园林，2009，25(3)：66-69.

[17]赵格.LEED-ND 与 CASBEE-City 绿色生态城区指标体系对比研究[J].国际城市规划，2017，32(1)：99-104.

[18]邵全，肖洋，刘娜.绿色北京指标体系的构建与评价研究[J].生态经济，2015，31(6)：92-94.

[19]王婉晶，赵荣钦，揣小伟，等.绿色南京城市建设评价指标体系研究[J].地域研究与开发，2012，31(2)：62-66.

[20]刘伟.中国绿色生态城区指标体系构建比较研究[J].中国建设信息化，2020(12)：60-61.

[21]王韶伟，许新宜，陈海英，等.基于 SOFM 网络的生态水文区划[J].生态学杂志，2010，29(11)：2302-2308.

[22]施明辉，赵翠薇，郭志华，等.基于 SOM 神经网络的白河林业局森林健康分等评价[J].生态学杂志，2011，30(6)：1295-1303.

[23]彭建，胡熠娜，吕慧玲，等.基于要素—结构—功能的生态功能分区——大理白族自治州为例[J].生态学杂志，2016，35(08)：2251-2259.

[24]向雪琴.低碳城市评价标准化及案例研究[D].北京：中国科学院大学，2019.

[25]柴燕妮，魏冠军，侯伟，等.空间视角下的多尺度生态环境质量评价方法[J].生态学杂志，2018，37(02)：596-604.

[26]甘琳，陈颖彪，吴志峰，等.近 20 年粤港澳大湾区生态敏感性变化[J].生态学杂志，2018，37(08)：2453-2462.

[27]牛文元.中国可持续发展的理论与实践[J].中国科学院院刊，2012，27(3)：280-290.

[28]马世骏，王如松.社会—经济—自然复合生态系统[J].生态学报，1984，4(1)：3-11.

第四章

绿色城市评价指标标准研究

绿色城市评价是绿色城市发展的关键步骤之一。绿色城市指标体系可用来评价绿色城市建设程度,也可用来指导绿色城市的建设。而绿色城市评价指标体系是度量城市绿色水平的关键要素,能够全面、客观、准确地反映城市绿色建设的实际水平与发展趋势。绿色城市评价指标体系是否科学合理可以直接决定评价结果正确与否,这意味着在选取指标时需要综合权衡。完整的绿色城市评价指标体系需要选取适宜的指标并为其分配合理的权重系数,本章阐述了绿色城市指标选取过程,明确了权重分配方案,并提出了特定向指标。

4.1 指标体系的构建

4.1.1 指标构建原则

在建立绿色城市评价指标体系的过程中,本研究遵循以下原则。

(1)科学性与数据可获取性原则

科学性原则要求评价指标体系一定要建立在科学的基础上,绿色城市指标体系应当充分体现绿色城市的内涵,从科学的角度准确地理解和把握城市绿色发展的实质,达到理论和实际相结合的目标。对客观事实往往描述得越真实、越清晰简洁,它就越科学。

数据可获取性原则要求指标体系选取的这些指标的绝大多数数据要以科学且权威的机构发布的统计资料为基础,数据要便于获取与计算,最关键的是指标选取要保证数据的真实性和可靠性。指标数量不宜过多,体现少而精,在实际应用过程中易于操作,需要进行计算的指标尽量选择相对成熟的公式与方法,公式中选择易于获取的参数[1]。

（2）全面性与相对独立性原则

指标体系中,社会经济、生态环境、资源禀赋等方面都应该得到体现,指标体系要相对完备,能够作为一个整体全面地反映出城市绿色发展的总体特征。选取的二级指标的每一方面都由一些三级指标构成,各个指标间彼此既独立又关联,能够单独地反映出城市的单方面绿色水平,避免指标之间的重复性[2-4],由所有指标一同构成一个有机体系。

（3）大数据应用原则

指标体系应与大数据相结合,通过对不同分辨率遥感数据、气象站点数据等多源城市大数据的分析,采用多源数据融合、空间统计分析等多种城市生态学研究方法,来揭示城市绿色发展的规律与特点,以及参评城市的发展现状和未来趋势[4]。

（4）动态性原则

任何存在的事物都是在不断发展变化中的,绿色城市的建设就是这样一个不断发展的过程,因此用来评价绿色城市发展程度的指标选取应具有动态性,进而实现城市可持续绿色化建设的目标。

（5）前瞻性与可比性原则

指标体系要具有前瞻性,应充分体现出国际绿色发展目标的新趋势,要充分借鉴最新研究成果,为城市的绿色发展提供方向。同时,为增加城市之间的可比性,在指标选取时倾向于选取人均和效率性指标,便于反映城市的发展质量,而非总量,各指标要既能充分体现国家在城市绿色发展中的任务、目标,也要与国际趋势接轨,要符合国际规范和国内现行统计的要求,以保证统计数据的可靠性。

4.1.2 评价指标体系的构建

指标体系的结构是指可连接各个评价指标的、能够精确描述和反映绿色城市各个评价指标功能定位和逻辑关系的表现形式和总体框架,有关绿色城市评价指标体系的结构研究分为两种。一种是通过对城市复合生态系统的环境、经济和社会 3 个子系统的分析,从而将评价指标体系分为绿色环境指标、绿色经济指标和绿色社会指标,大多数学者一般采取这种评价指标体系,它是比较常见的。而另一种指标体系则是对绿色城市多个子系统进行的多层次分析,如王森等的研究中对绿色城市指标体系构建中,第一个层次为绿色城市综合评价指数,第二个层次为环境健康、资源利用、低碳经济、资源建设、技术创新和社会保障六个子系统,第三个层次就是绿色城市评价子系统下的各个具体指标[5]。

本研究基于对绿色城市内涵理解与指标构建原则,以及对国外相关机构的研究成果的借鉴,再对参评城市进行数据可获取性分析,最后结合中国的城市发展的具体情况,绿色城市评价指标体系从绿色生产、绿色生活、环境质量三个维度出发,将 3 个子系统进一步分解成资源利用、污染控制、绿色市政、绿色交通、绿色消费、生态环境、生物多样性、大气环境、水环境、声环境以及城市形态共 11 个二级指标,如表 4-1 所示。其中绿色生产由资源利用、污染控制 2 个二级指标以及 12 个三级指标组成;绿色生活由绿色市政、绿色交通、绿色消费 3 个二级指标以及 9 个三级指标组成;环境质量由生态环境、生物多样性、大气环境、水环境、声环境、城市形态共 6 个二级指标以及 9 个三级指标组成。即从绿色生产、绿色生活、环境质量建立了由 11 个二级指标以及 30 个三级指标组成的评价指标体系(表 4-1)。

表 4-1 绿色城市评价指标
Tab. 4-1 Evaluation index of green city

一级指标	二级指标	三级指标	指标代码	单位
绿色生产	资源利用	单位 GDP 水耗(一)	GP_1	立方米/万元
		工业用水重复利用率(+)	GP_2	百分比
		工业固体废物综合利用率(+)	GP_3	百分比
		单位面积建设用地经济产出(+)	GP_4	万元/平方公里
		单位 GDP 二氧化碳排放量(一)	GP_5	吨/万元
		非常规水资源利用率(+)	GP_6	百分比
	污染控制	单位 GDP 氨氮排放量(一)	GP_7	千克/万元
		单位 GDP 化学需氧量排放量(一)	GP_8	千克/万元
		单位 GDP 氮氧化物排放量(一)	GP_9	千克/万元
		单位 GDP 二氧化硫排放量(一)	GP_{10}	千克/万元
		单位 GDP 工业固体废物产生量(一)	GP_{11}	吨/万元
		危险废物处置率(+)	GP_{12}	百分比
绿色生活	绿色市政	生活污水集中处理率(+)	GL_1	百分比
		供水管网漏损率(一)	GL_2	百分比
		生活垃圾无害化处理率(+)	GL_3	百分比
	绿色交通	万人公共交通车辆保有量(+)	GL_4	标台/万人
		公共交通站点 500 米覆盖率(+)	GL_5	百分比
		中心城区建成区路网密度(+)	GL_6	公里/平方公里

续表

一级指标	二级指标	三级指标	指标代码	单位
绿色生活	绿色消费	人均居民生活用水量（＊）	GL_7	升/天
		人均居民生活用电量（＊）	GL_8	千瓦时/天
		人均生活垃圾产生量（一）	GL_9	千克/天
环境质量	生态环境	建成区绿化覆盖率（＋）	EE_1	百分比
		人均公园绿地面积（＋）	EE_2	平方米/人
	生物多样性	生物丰度指数（＋）	EE_3	百分比
		自然保护区面积占比（＋）	EE_4	一
	大气环境	空气质量优良天数（＋）	EE_5	天
	水环境	集中式饮用水水源地水质达标率（＋）	EE_6	百分比
		地表水环境质量 CWQI（一）	EE_7	
	声环境	交通干线噪声平均值（一）	EE_8	分贝
	城市形态	紧凑度（＋）	EE_9	一

注：（＋）表示正向指标，（一）表示负向指标，（＊）表示特定向指标。

绿色生产子系统中，从城市的资源利用和污染控制两个重点方向选取了12个定量指标。其中，表征资源利用的有单位 GDP 水耗、工业用水重复利用率、工业固体废物综合利用率、单位面积建设用地经济产出、单位 GDP 二氧化碳排放和非常规水资源利用率6个指标；表征污染控制的有单位 GDP 氨氮排放量、单位 GDP 化学需氧量排放量、单位 GDP 氮氧化物排放量、单位 GDP 二氧化硫排放量、单位 GDP 工业固体废物产生量和危险废物处置率6个指标；该维度指标多数结合城市的地区生产总值，从而更加真实、客观地反映城市的绿色生产水平。

绿色生活子系统中，从城市的市政、交通和消费三个重点方向选取了9个关键指标。其中，表征绿色市政状况的有生活污水集中处理率、供水管网漏损率和生活垃圾无害化处理率3个指标；表征绿色交通状况的有万人公共交通车辆保有量、公共交通站点500米覆盖率和中心城区建成区路网密度3个指标；表征绿色消费状况的有人均居民生活用水量、人均居民生活用电量和人均生活垃圾产生量3个指标。

环境质量子系统中，从城市的生态环境、生物多样性、大气环境、水环境、声环境与城市形态六个重点方向选取了9个关键指标。表征生态环境的有建成区绿化覆盖率、人均公园绿地面积；表征生物多样性的是生物丰度指数与自然保护区面积占比;表征大气环境的是空气质量优良天数;表征水环境的是集中式饮用水水源地水质达标率和地表水环境质量(CWQI);表征声环境的是交通干线噪声平均值;表征城市形态的是城市紧凑度[6-8]。

本研究最初选取了70个三级指标,经过多轮筛选,最终呈现出30个指标,被筛选掉的指标大多是由于数据缺乏获取性或统计口径不统一。自下而上、层层上报的统计方法容易造成各城市的标准尺度不一致,使"公共事业新能源车辆比例""公众对环境的满意度""生态保护红线区面积保持率"等表征意义较好的指标由于数据源的问题不得不被放弃。龙瀛等基于新数据的人居环境监测指标体系[9],采取GIS空间分析、遥感解译、热力图分析、空间句法模型等时空数据统计方法,提升了数据源的可靠性,为绿色城市指标体系提供了参考。本研究基于结合大数据的应用,选取了公共交通站点500米覆盖率、生物丰度指数、城市紧凑度三项指标。最终绿色城市评价指标体系确定了30个三级指标,其中有17个正向指标、11个负向指标、2个特定向指标。

4.1.3 指标解释及计算方法

绿色城市指标体系在城市尺度上具有较高的可操作性,所选取的指标均是定量指标,具有明确的定义、范围及计算方法,数据大多可在统计部门发布的年鉴以及相关权威部门发布的资料中获取,或者通过多源大数据进行分析计算获取。

(1)单位GDP水耗(GP_1)

指标解释:单位地区生产总值水耗,统计期内,指每生产一个单位地区生产总值的用水量,单位为立方米/万元。单位GDP水耗是反映水资源消费水平和节水降耗状况的主要指标,是一个水资源利用效率指标。该指标说明一个地区经济活动中对水资源的利用程度,反映经济结构和水资源利用效率的变化。

计算公式:单位GDP水耗=供水总量/GDP。

(2)工业用水重复利用率(GP_2)

指标解释:统计期内,规模以上工业企业的重复用水量占工业用水总量的百分比。

计算公式:工业用水重复利用率=工业用水重复用水量/工业用水总量。

(3)工业固体废物综合利用率(GP_3)

指标解释:统计期内,工业固体废物综合利用量占工业固体废物产生总量(包括综合利用往年贮存量)的百分比。

计算公式:工业固体废物综合利用率=工业固体废物综合利用量/工业固体

废物产生总量。

（4）单位面积建设用地经济产出（GP$_4$）

指标解释：统计期内，产出每万元地区生产总值所需的建设用地面积（即城市的GDP与城市建设用地总面积的比值），单位为万元/平方公里。

计算公式：单位面积建设用地经济产出＝GDP/城市建设用地面积。

（5）单位GDP二氧化碳排放量（GP$_5$）

指标解释：统计期内，二氧化碳排放量（包括总甲烷、氧化亚氮、含氟温室气体的二氧化碳当量）与地区生产总值的比值，单位为吨二氧化碳当量/万元。

计算公式：单位GDP二氧化碳排放＝二氧化碳排放量（包括总甲烷、氧化亚氮、含氟温室气体的二氧化碳当量）/GDP。

（6）非常规水资源利用率（GP$_6$）

指标解释：统计期内，非常规水资源利用总量占城市用水总量的百分比。

计算公式：非常规水资源利用率＝污水再生利用量/供水总量。

（7）单位GDP氨氮排放量（GP$_7$）

指标解释：统计期内，氨氮排放量（排放量包括工业源、生活源、农业源总和）与地区生产总值的比值，单位为千克/万元。

计算公式：单位GDP氨氮排放量＝氨氮排放量（工业源、生活源、农业源）/GDP。

（8）单位GDP化学需氧量排放量（GP$_8$）

指标解释：统计期内，化学需氧量排放量（排放量包括工业源、生活源、农业源总和）与地区生产总值的比值，单位为千克/万元。

计算公式：单位GDP化学需氧量排放量＝化学需氧量排放量（工业源、生活源、农业源）/GDP。

（9）单位GDP氮氧化物排放量（GP$_9$）

指标解释：统计期内，氮氧化物排放量（排放量包括工业源、生活源、机动车源总和）与地区生产总值的比值，单位为千克/万元。

计算公式：单位GDP氮氧化物排放量＝氮氧化物排放量（工业源、生活源、机动车源）/GDP。

（10）单位GDP二氧化硫排放量（GP$_{10}$）

指标解释：统计期内，二氧化硫排放量（排放量包括工业源、生活源总和）与地区生产总值的比值，单位为千克/万元。

计算公式：单位GDP二氧化硫排放量＝二氧化硫排放量（工业源、生活源）/GDP。

(11)单位 GDP 工业固体废物产生量(GP_{11})

指标解释:统计期内,工业固体废物产生量与地区生产总值的比值,单位为吨/万元。

计算公式:单位 GDP 工业固体废物产生量＝工业固体废物产生量/GDP。

(12)危险废物处置率(GP_{12})

指标解释:统计期内,危险废物无害化处置量与综合利用量的总和占危险废物产生总量的百分比。

计算公式:危险废物处置率＝(危险废物无害化处置量＋危险废物综合利用量)/危险废物产生量。

(13)生活污水集中处理率(GL_1)

指标解释:统计期内,城市污水处理厂生活污水处理量占生活污水产生量的百分比。

(14)供水管网漏损率(GL_2)

指标解释:统计期内,供水管网漏水量占供水总量的百分比。

计算公式:供水管网漏损率＝漏损水量/供水总量。

(15)生活垃圾无害化处理率(GL_3)

指标解释:统计期内,经过无害化处理的城市生活垃圾量与城市生活垃圾总量的比值。城市的生活垃圾无害化处理率越高,资源利用效率越高,一般环保标准规定生活垃圾无害化处理率大于等于 85％。

(16)万人公共交通车辆保有量(GL_4)

指标解释:统计期内,按城市人口计算的每万人平均拥有的公共交通车辆标台数,单位为标台/万人。该指标数值的高低可以反映出一个城市公共交通的发展水平,进而反映了该城市交通方面资源建设的程度,是评价绿色城市绿色交通建设程度的正指标。

(17)公共交通站点 500 米覆盖率(GL_5)

指标解释:统计期内,建成区内公共交通站点服务面积(以公共交通站点为圆心、以 500 米为半径的圆;相交部分不得重复计算)占建成区面积的百分比。公共交通站点包括公共汽车站点和轨道交通站点,轨道交通站点位置按照进出站口位置计算。

计算公式:公共交通站点 500 米覆盖率＝建成区内公共交通站点服务面积/建成区面积。

(18)中心城区建成区路网密度(GL_6)

指标解释:统计期内,中心城区内的建设用地范围内的道路总里程与该范围面积的比值,单位为公里/平方公里。

计算公式:中心城区建成区路网密度$=\dfrac{\text{中心城建成道路度}}{\text{中心城建成面积}}$。

(19)人均居民生活用水量(GL_7)

指标解释:统计期内,每一用水人口平均每天的生活用水量,单位为升/天。

因为我国地域辽阔,各地区地形有着很大差别,各城市居民生活用水量标准也各不相同。

(20)人均居民生活用电量(GL_8)

指标解释:统计期内,每一用电人口平均每天的生活用电量,单位为千瓦时/天。人均居民生活用电量是保证居民正常生活的重要衡量指标,其对居民生活有着重大的影响。

计算公式:人均居民生活用电量=居民生活用电量/市辖区人口。

(21)人均生活垃圾产生量(GL_9)

指标解释:统计期内,每人平均每天的生活垃圾产生量,单位为千克/天。

计算公式:人均生活垃圾产生量=垃圾清运量/常住人口/365天。

(22)建成区绿化覆盖率(EE_1)

指标解释:统计期内,建成区绿化覆盖面积占建成区面积的百分比,包括公共绿地、居住绿地、单位附属绿地、防护绿地、生产绿地、风景林地6类绿化面积之和。

城区人均绿地面积可以比较公正客观地评价环境质量与健康的水平,因此城区人均绿地面积是一个关键的环境质量健康指标。建成区是城市建设发展在地域分布上的绿色客观反映,所以选取建成区绿化覆盖率作为评价环境质量健康的指标,一般来说,城市建成区绿化覆盖率越高,环境质量健康指数也越高。

计算公式为:建成区绿化覆盖率=建成区绿化覆盖面积/建成区总面积$\times 100\%$。

(23)人均公园绿地面积(EE_2)

指标解释:统计期内,建成区公园绿地面积与城市人口数量的比值,单位为平方米/人。公园绿地包括城市综合公园、社区公园、专类公园、带状公园、街旁小游园。

(24)生物丰度指数(EE_3)

生物丰度指数BRI是指《生态环境状况评价技术规范(HJ 192—2015)》所规定的区域内表征生物种类丰富程度的指数,依据规范将土地利用类型分为六类,包括草地、未利用地、耕地、林地、建设用地及水域。公式为:

$$BRI = \left(\frac{\begin{pmatrix} A_{bio} \times (0.35 \times 林地 + 0.21 \times 草地 + 0.28 \times 水域 + \\ 0.11 \times 耕地 + 0.04 \times 建设用地 + 0.01 \times 未利用地) \end{pmatrix}}{区域总面积} \right) \times 0.35 \qquad (4\text{-}1)$$

式中：A_{bio} 为生物丰度指数归一化系数，参考值为 511.26，表 4-2 展示了规范中各类土地的权重系数。

表 4-2　生物丰度指数分权重

Tab 4-2　Subweights of Biorichness index

土地利用类型	林地	草地	水域	耕地	建设用地	未利用地
权重	0.35	0.21	0.28	0.11	0.04	0.01

（25）自然保护区面积占比（EE_4）

指标解释：该地区自然保护区面积占行政区域土地总面积的百分比。

计算公式：自然保护区面积占比＝自然保护区面积/行政区土地面积。

（26）空气质量优良天数（EE_5）

指标解释：统计期内，AQI 指数小于等于 100 的天数，单位为天。

（27）集中式饮用水水源地水质达标率（EE_6）

指标解释：统计期内，区域内集中式饮用水水源地，其地表水水源水质达到 GB 3838 Ⅲ类标准和地下水水源水质达到 GB/T 14848 Ⅲ类标准的水量占取水总量的百分比。

（28）地表水环境质量（CWQI）（EE_7）

指标解释：城市地表水水质综合指数（CWQI）可参考《城市地表水环境质量排名技术规定（试行）》，通过环境监测数据计算，公式为：

$$CWQI = \frac{CWQI_{河流} \cdot M + CWQI_{湖库} \cdot N}{(M+N)} \qquad (4\text{-}2)$$

式中：CWQI 为参评城市的水质指数；$CWQI_{河流}$ 为河流的水质指数；$CWQI_{湖库}$ 为湖库的水质指数；M 为城市的河流断面数；N 为城市的湖库点位数。

（28）交通干线噪声平均值（EE_8）

指标解释：统计期内，区域内经认定的交通干线各路段监测数据，按其长度加权的等效声级平均值。

（29）城市紧凑度（EE_9）

指标解释：城市紧凑度是指城市的紧凑度程度，计算公式为：

$$CI = \frac{\sum\limits_{i} \dfrac{2\sqrt{\pi A_i}}{P_i}}{n(n-1)/2} \qquad (当\ n > 3) \qquad (4\text{-}3)$$

$$CI = \dfrac{\sum\limits_{i} \dfrac{2\sqrt{\pi A_i}}{P_i}}{2n-1} \quad (\text{当 } n \leqslant 3) \tag{4-4}$$

式中:CI 为城市紧凑度指数;A_i 为地块 i 的面积;P_i 为地块 i 的周长;n 为地块数量。

4.1.4 数据来源

数据选取 2015 年为基准年,分为可通过统计年鉴或报告直接获取、通过公式计算得出两种(表 4-3),具体数据来源可分为以下四大类。

(1)统计年鉴

本研究中部分数据可从《中国统计年鉴》《中国城市统计年鉴》《中国城市建设统计年鉴》《中国环境年鉴》,以及各地方城市统计年鉴中直接获取,还有部分数据(如污染控制类)需获取各年鉴中数据后再通过公式计算得出。

表 4-3 数据来源
Tab. 4-3　The data sources

一级指标	二级指标	三级指标	来源
绿色生产	资源利用	单位 GDP 水耗(一)	《中国城市统计年鉴》
		工业用水重复利用率(+)	《中国环境年鉴》
		工业固体废物综合利用率(+)	《中国城市统计年鉴》
		单位面积建设用地经济产出(+)	《中国城市统计年鉴》
		单位 GDP 二氧化碳排放量(一)	生态环境部环境规划院、中国城市温室气体排放数据集
		非常规水资源利用率(+)	《中国城市统计年鉴》《中国环境年鉴》
	污染控制	单位 GDP 氨氮排放量(一)	《中国城市统计年鉴》《中国环境年鉴》
		单位 GDP 化学需氧量排放量(一)	《中国城市统计年鉴》《中国环境年鉴》
		单位 GDP 氮氧化物排放量(一)	《中国城市统计年鉴》《中国环境年鉴》
		单位 GDP 二氧化硫排放量(一)	《中国城市统计年鉴》《中国环境年鉴》
		单位 GDP 工业固体废物产生量(一)	《中国城市统计年鉴》《中国环境年鉴》
		危险废物处置率(+)	《中国环境年鉴》
绿色生活	绿色市政	生活污水集中处理率(+)	《中国城市建设统计年鉴》
		供水管网漏损率(一)	《中国城市建设统计年鉴》
		生活垃圾无害化处理率(+)	《中国城市建设统计年鉴》

续表

一级指标	二级指标	三级指标	来源
绿色生活	绿色交通	万人公共交通车辆保有量（＋）	《中国城市统计年鉴》
		公共交通站点500米覆盖率（＋）	遥感解译数据、POI数据
		中心城区建成区路网密度（＋）	《中国主要城市道路网密度监测报告》
	绿色消费	人均居民生活用水量（－）	《中国城市建设统计年鉴》
		人均居民生活用电量（－）	《中国城市统计年鉴》
		人均生活垃圾产生量（－）	《中国城市建设统计年鉴》
环境质量	生态环境	建成区绿化覆盖率（＋）	《中国城市建设统计年鉴》
		人均公园绿地面积（＋）	《中国城市建设统计年鉴》
		自然保护区面积占比（＋）	《全国自然保护区名录》
	大气环境	空气质量优良天数（＋）	《中国统计年鉴》
	水环境	集中式饮用水水源地水质达标率（＋）	地方城市统计年鉴、水资源公报年报、环境质量状况公报（年报）
		地表水环境质量（CWQI）（－）	环境检测数据
	声环境	交通干线噪声平均值（－）	《中国统计年鉴》
	城市形态	城市紧凑度（＋）	遥感解译数据

（2）地方政府公报年报

本研究中关于水质方面的数据需通过各城市地方的政府相关部门发布的公报年报中自己获取,如水资源公报年报、环境、质量状况、公报（年报）。

（3）行业部门专业研究报告

本研究中:单位GDP二氧化碳排放、中心城区建成区路网密度、自然保护区面积占比、地表水环境质量四项指标的数据参考了其他权威部门与机构发布的报告。

（4）地理信息大数据

本研究中:公共交通站点500米覆盖率、城市紧凑度两项指标的数据是通过POI数据与遥感解译数据计算获得,数据为2015年的中国土地覆盖遥感监测数据,分辨率为30米×30米,第一级根据土地资源及其利用属性,分为耕地、林地、草地、水域、建设用地和未利用土地6类;第二级根据土地资源的自然属性分为 25 类。

4.1.5 指标体系与 SDGs 的关系

2000 年 9 月,在联合国千年首脑会议上 189 个国家共同签署了联合国《千年宣言》,提出了各国在发展领域的最基本目标以及实现目标的具体时限和衡量标准,即"千年发展目标"(Millennium Development Goals,MDGs),MDGs 包括 8 个总目标与 18 个具体目标,截止期限为 2015 年。在 MDGs 到期后,面对诸多新的全球性挑战,联合国以 MDGs 为基础,在 2015 年制定的《2030 年可持续发展议程》中向世界各国提出了 2016—2030 年可持续发展目标(Sustainable Development Goals,SDGs)[10]。SDGs 是对 MDGs 的重大改善,兼顾了经济、社会与环境三者的有机平衡,包括 17 项不可分割的可持续发展目标的框架以及 169 项具体目标,旨在鼓励人们在 2015 年至 2030 年期间为地球的可持续发展采取行动[11]。SDGs(可持续发展目标)旨在从 2015 年到 2030 年以综合方式彻底解决社会、经济和环境三个维度的发展问题,转向可持续发展道路。

本研究中的绿色城市评价指标体系与 SDGs 有着密切的联系,表 4-4 展示了 SDGs 中与绿色城市评价指标体系有关的具体目标,由于 SDGs 中有不可量化的目标,因此绿色城市评价指标体系可作为 SDGs 实现的有效途径。

表 4-4 SDGs 中与绿色城市评价指标相关的具体目标

Tab 4-4 Specific objectives related to green city evaluation indicators in SDGs

目标	具体目标
SDG$_6$,为所有人提供水和环境卫生设备并对其进行可持续管理	6.1 到 2030 年,人人普遍和公平获得安全和负担得起的饮用水; 6.3 到 2030 年,通过以下方式改善水质:减少污染,消除倾倒废物现象,降低危险化学品与材料的排放,降低未经处理废水比例,提升废物回收和安全再利用比例; 6.4 到 2030 年,所有行业大幅提高用水效率,确保可持续取用和供应淡水,以解决缺水问题,大幅减少缺水人数; 6.6 到 2020 年,保护和恢复与水有关的生态系统,包括湿地、河流、地下含水层
SDG$_7$,使每个人都能享用可持续的现代能源	7.1 到 2030 年,确保人人都能获得负担得起的、可靠的现代能源服务; 7.3 到 2030 年,全球能效改善率提高一倍
SDG$_9$,促进具有包容性的可持续工业化,建造具备抵御灾害能力的基础设施	9.4 到 2030 年,所有国家根据自身能力采取行动,升级基础设施,提升工业发展的可持续性,提高资源利用效率,降低二氧化碳排放

续表

目标	具体目标
SDG_{11},建设包容、安全、有抵御灾害能力和可持续的城市和人类住区	11.2 到 2030 年,向所有人提供安全、负担得起的、可持续的交通运输系统,扩大公共交通系统,改善道路安全; 11.4 进一步努力保护和捍卫世界文化遗产和自然遗产; 11.6 到 2030 年,减少城市的人均负面环境影响,包括空气质量以及城市废弃物; 11.7 到 2030 年,向所有人提供安全、包容、便利、绿色的公共空间
SDG_{12},确保采用可持续的消费和生产模式	12.2 到 2030 年,实现自然资源的可持续管理和高效利用; 12.4 到 2020 年,实现化学品和所有废物在整个存在周期的无害化管理,并降低它们排入大气以及渗漏到水和土壤的机率以及对人类健康和环境造成的负面影响; 12.5 到 2030 年,通过减排、回收和再利用,大幅减少废弃物的产生
SDG_{13},采取紧急行动应对气候变化及其影响	13.2 将应对气候变化的举措纳入国家政策、战略和规划; 13.3 降低和适应气候变化带来的影响,加强早期预防与教育宣传工作
SDG_{15},保护陆地生态系统,遏制生物多样性的丧失	15.1 到 2020 年,根据国际协议规定的义务,可持续利用陆地和内陆的淡水生态系统及其服务; 15.4 到 2030 年,加强保护山地生态系统及其生物多样性

绿色城市评价指标体系融合了 SDG_6、SDG_7、SDG_9、SDG_{11}、SDG_{12}、SDG_{13}、SDG_{15} 同时兼顾其他 SDGs,如图 4-1 所示,实线表示指标与 SDGs 直接相关,虚线表示间接相关。SDG_6 为清洁饮水和卫生设施,与 GP_1、GP_2、GP_6、GP_7、GP_8、GL_1、GL_2、GL_7、EE_6、EE_7 等 10 个指标直接相关,旨在为所有人提供水和环境卫生并对其进行可持续管理。SDG_7 代表能源普及与提高能源效率,与 GP_5、GP_9、GP_{10}、GL_8 等 4 个指标直接相关,旨在确保人人能够获得负担得起的、可持续的现代能源,与其他 SDGs 紧密相连。SDG_9 代表基础设施与工业创新,包括建造优质、可靠的城市基础设施,与生活污水集中处理率、生活垃圾无害化处理率直接相关。SDG_{11} 为建设安全、包容、可持续的城市和社区,旨在通过高效的城市规划和管理方法来应对高速城市化带来的挑战,包括扩大公共交通、减少城市的人均负面环境影响、普遍提供安全绿色的公共空间等方面,与绿色生活维度以及人均公园绿地面积等指标直接相关。SDG_{12} 为可持续的消费和生产模式,旨在促进自然资源和能源的高效利用,与 GP_2、GP_3 2 个指标直接相关。SDG_{13} 关注气候变化带来的影响,与单位 GDP 二氧化碳排放量、空气质量优良天数、生物丰

度指数等指标相关。SDG_{15} 关注于对陆地生态系统的保护,包括可持续管理森林、防治荒漠化、保护生物多样性等方面,与 GP_4、EE_3、EE_4、EE_5、EE_9 5 个指标直接相关。

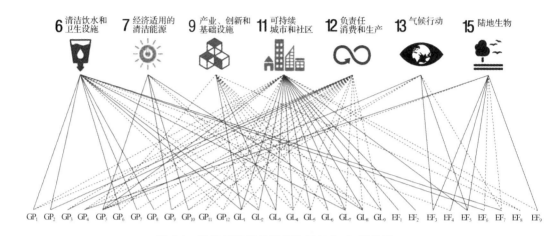

图 4-1 绿色城市评价指标体系与 SDGs 的关系

Fig. 4-1 Relationship between Green city evaluation index system and SDGs

4.1.6 指标方向的确定

关于指标的方向,现有的指标体系通常将定量指标按照指向分为正向指标与负向指标,但是本研究认为有些指标不宜定为正向指标与负向指标,因此提出了特定向指标。对于人均居民生活用水量与人均居民生活用电量两项指标,通常将其定位为负向指标,目的在于减少资源的消耗,城市的人均居民生活用水与用电量越低,城市的表现就越好,得分就会越高。

在研究中发现,欠发达地区城市的居民生活用水用电普及率普遍低于发达地区城市,因此用水用电量也普遍低于发达地区城市,形成了城市越不发达,得分越高的现象。这种现象会给人们造成误导,并不是越不发达地区的城市越绿色,因为提高人们的生活质量,也是城市功能的重要内容,同时,过低的人均生活用水与用电量会降低人们的幸福感,城市本就应该是为人类服务的,绿色城市的发展方向应以人为本[12]。因此,本研究将人均居民生活用水量与人均居民生活用电量两项指标定位为特定向指标,这与 SDG_6 中提到的确保人人能够公平地获得安全清洁的用水,SDG_7 中提到的确保人人能获得负担得起的、可靠和可持续的现代能源是一致的,旨在不以降低人们生活质量为代价来减少资源的消耗,通过用水用电的普及来体现城市的服务性与宜居性。

4.2 基于城市分区分类的权重设定

关于指标权重的分配,考虑到我国的地域辽阔,南北跨度大,社会经济发展的不均衡现象严重,各城市的发展在自然历史文化背景、资源环境承载能力、人口规模、产业经济基础、要素禀赋等方面都体现出明显的区域差异性[13],例如东部一些城市密集地区资源环境约束趋紧,中西部资源环境承载能力较强地区的潜力有待挖掘;部分特大城市人口压力偏大,与综合承载能力之间的矛盾加剧,而中小城市集聚产业和人口不足;小城镇服务功能弱,增加了经济社会和生态环境成本等等。鉴于此,本研究认为对权重分配方案的改进是实现绿色城市差异化管理的有效途径。

绿色城市的建设应在统筹布局的大前提下,坚持差异化管理的原则,因地制宜地加强分类指导和分类监管。这将有助于根据不同类型的城市特点,制定相应的城市规划方案,使城市经济得到更有利的发展,城市环境得到更有利的维护,城市功能得到更合理的开发。目前,有关绿色城市的评价方法体系往往采用"统一的标准"和"唯一的准则"进行优劣评判,而不利于全面地考量不同城市差异化的禀赋特性和所处的不同发展阶段,进而有针对性地推进绿色城市的建设工作并实现分类考评、跟踪与管理。本研究综合考虑了不同城市的资源环境禀赋、现有开发基础与功能定位,以及城市发展的基本规律,并在结合了国土空间开发规划和中国城市化发展进程等研究成果的基础上,提出了一种双轨并行的权重系数分配体系,如图 4-2 所示。

首先,将绿色生产、绿色生活以及环境质量三个子系统的重要性分为 0.1～0.9 共 9 个级别;其次,依据《全国主体功能区规划》,请专家对四类主体功能区中三个子系统的重要程度进行判别(每类主体功能区中三个子系统的重要性分值之和为 1);再次,根据中国城市化的发展进程,选取两个城市化发展的关键节点,将城市化发展阶段分为高度城市化、中度城市化、低度城市化三种类型,请专家对三种城市发展阶段中三个子系统的重要性进行判断(每种城市发展阶段中三个子系统的重要性分值之和为 1);最后,将两组权重系数加以整合,形成绿色城市指标体系综合权重系数。

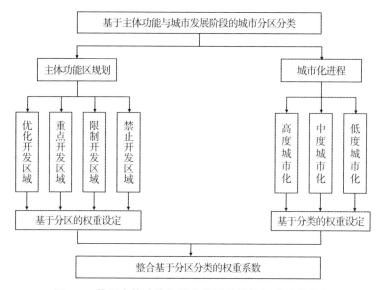

图 4-2 基于主体功能与城市发展阶段的权重系数设定

Fig. 4-2 Weight coefficient setting based on the main function and the urban development stage

4.2.1 基于主体功能区(城市分区)的权重设定

（1）主体功能区的划分（城市分区）

2010 年 12 月 21 日,国务院以国发〔2010〕46 号印发《关于印发全国主体功能区规划的通知》。这是新中国成立以来我国第一个全国性国土空间开发规划。主体功能区划,以"因地制宜"的国土开发和区域发展思想为基础[14],以县区作为基本单位,根据不同区域的资源环境承载能力[15]、现有开发强度和未来发展潜力,将国土空间划分为优化开发区域、重点开发区域、限制开发区域和禁止开发区域 4 种类型(表 4-5),确立了中国国土空间发展格局的总体布局[16],明确开发方向,控制开发强度,规范开发秩序,完善开发政策,逐步形成人口、经济、资源环境相协调的空间开发格局。2011 年 6 月 8 日,《全国主体功能区规划》正式发布。其中,优化开发区和重点开发区是城市化地区,二者的发展内容基本相同,但发展强度和发展手段不同[17]。

优化开发区域是开发强度较高、经济比较发达、人口比较密集、资源环境承载能力开始减弱的城市化地区,此类区域需要转变发展方式,调整产业结构,提高参与全球分工与竞争的水平;重点开发区域是有一定经济基础、资源环境承载能力较强、发展潜力较大、经济和人口集聚条件较好的地区,此类区域是中国重要的人口和经济密集区,应承接优化开发区的产业转移,逐步发展成为支撑全国经济发展和人口集聚的重要载体[18];限制开发区域是资源环境承载能力较弱、生态功能重要、农业发展条件较好的区域,分为农产品主产区和重点生态功能区;禁止开发区域是依法设立的各级各类自然文化资源保护区域,以及其他禁止进行工业化城镇化开发、需要特殊保护的重点生态功能区[19-20]。

表 4-5 基于开发方式的主体功能区分类

Tab. 4-5 Classification of main functional areas based on development mode

主体功能区类型	开发密度	资源环境承载力	发展潜力	基本内涵	发展方向
优化开发区域	高	减弱	较高	国土开发密度已经较高,资源环境承载能力开始减弱的区域,是强大的经济密集和较高的人口密集区	改变经济增长模式,把提高增长质量和效益放在首位,提升参与全球分工与竞争的层次
重点开发区域	较高	高	高	资源环境承载能力较强,经济和人口集聚条件较好的区域	逐步成为支持全国经济发展和人口集聚的重要载体
限制开发区域	低	低	低	资源环境承载能力较弱,大规模经济和人口集聚条件不够好,并关系到全国或较大区域范围生态安全的区域	加强生态修复和环境保护,引导超载人口逐步有序转移,逐步成为全国或区域性的重要生态功能区
禁止开发区域	较低	很低	很低	依法设立的自然保护区域和历史文化保护区域等	依法实行强制性保护,严禁不符合主体功能的开发活动

(2)四类功能区的权重设定

绿色城市评价指标体系基于不同城市的功能差异性,对四类主体功能区分别设定了不同的权重系数,如表 4-6 所示。结合专家意见,绿色生产与绿色生活具有同等的重要性,随着对开发的限制程度的增加,环境质量的权重升高,绿色生产和绿色生活的权重降低,参评城市根据所处的地理位置,确定其所属的类别。

表 4-6 基于主体功能区的权重系数

Tab. 4-6 Weight coefficients based on the subject area

	绿色生产	绿色生活	环境质量
优化开发区域	0.4	0.4	0.2
重点开发区域	0.3	0.3	0.4

续表

	绿色生产	绿色生活	环境质量
限制开发区域	0.2	0.2	0.6
禁止开发区域	0.1	0.1	0.8

4.2.2　基于城市发展阶段(城市分类)的权重设定

在全球城市化的背景下,世界城市人口不断增加,城市规模持续扩张。全球城市人口总数已经由 1950 年的 7.5 亿上升至 2018 年的 42 亿,城市人口比例已达到 55%。较欧美发达国家,我国城市化进程起步相对较晚,但发展速度较快。自改革开放以来,中国城市化率由 1978 年的 17.9% 增长到 2018 年的 59.6%,年均增长率为 1.04%。根据联合国的估测,世界发达国家的城市化率在 2050 年将达到 86%,我国的城市化率在 2050 年将达到 71.2%。因此,基于城市化率的不同发展阶段对城市进行分类,具有重大意义。

本研究关于城市化率的城市分类方法,主要选取了两个城市化关键节点,即 70% 与 50%,将城市分为高度城市化、中度城市化、低度城市化三个类型,分别代表三种城市化阶段:

高度城市化阶段:城市化率高于 70% 的城市,被列入高度城市化阶段的类别。根据诺萨姆提出的城市化 S 形曲线,以城市化率表征不同的城市化发展阶段,其中,城市人口比重超过 70%,属于城市化发展的成熟阶段,人口城乡格局基本稳定,城市化发展明显放缓。因此选取 70% 作为城市化分类法的节点。

中度城市化阶段:城市化率低于 70%,并且高于 50% 的城市,被列入中度城市化阶段的类别。世界城市人口超过农村人口,在人类发展史上是具有划时代意义的历史事件。在 2011 年,中国实现了从农村人口占多数向城镇人口占多数的历史性转变,城镇人口比重达 51.27%,首次超过 50%。因此,选取 50% 作为城市化分类法的节点。

低度城市化阶段:城市化率低于 50%,被列入低度城市化阶段的类别。此类城市属于城市化发展的初级阶段,发展潜力很大。

通过专家打分法,绿色城市评价指标体系基于不同发展阶段的城市之间的可比性,对三个城市发展阶段分别设定了不同的权重系数,如表 4-7 所示。结合专家意见,随着城市化率的升高,环境质量的权重降低,绿色生产和绿色生活的权重升高。

表 4-7　基于主体功能区划和城市化率的权重系数

Tab. 4-7　The weight coefficients based on the subject functional zoning and the urbanization rate

二级指标	主体功能区划				城市化率		
	优化开发	重点开发	限制开发	禁止开发	低城市化 <50%	中城市化 50%~70%	高城市化 >70%
绿色生产	0.40	0.30	0.20	0.10	0.20	0.30	0.35
绿色生活	0.40	0.30	0.20	0.10	0.20	0.30	0.35
环境质量	0.20	0.40	0.60	0.80	0.60	0.40	0.30

4.2.3　绿色城市指标体系综合权重

通过整理专家对三个子系统重要性的 9 个级别的打分结果,分别得出四类主体功能区与三个城市发展阶段的权重,权重数值取值范围在 0~1 之间,且三个子系统在各组权重系数中数字之和等于 1。再通过相乘的方式将两组权重系数加以整合,并将整合结果进行标准化,使每组权重系数之和等于 1,最终得到绿色城市指标体系综合权重,如表 4-8 所示。此方法对绿色生产、绿色生活、环境质量三个子系统设立了 12 组权重,各子系统根据所分配的权重,再平均赋予到三级指标中。综合权重能反映出环境质量与另外两个子系统之间的有机平衡,城市化率越低,绿色生产和绿色生活的所占的权重就越低,环境质量所占的权重就越高;开发限制得越严格,绿色生产和绿色生活的所占的权重就越低,环境质量所占的权重就越高。如果一个城市既是低度城市化,又属于禁止开发区,那么绿色评价的得分几乎完全取决于环境质量子系统。

参评城市可以根据所属的区域,以及城市的发展阶段,确定其所在的分组,并匹配相应的权重系数。通过设定综合权重系数,增强了绿色城市评价指标体系的灵活性,使其适用于对不同类别城市的评价。

表 4-8　绿色城市指标体系综合权重系数

Tab.4-8　Comprehensive weight coefficients of the green city index system

		绿色生产	绿色生活	环境质量
综合权重系数	高度城市化优化开发	0.41	0.41	0.18
	中度城市化优化开发	0.38	0.38	0.24
	低度城市化优化开发	0.29	0.29	0.42
	高度城市化重点开发	0.32	0.32	0.36
	中度城市化重点开发	0.26	0.26	0.48

续表

		绿色生产	绿色生活	环境质量
综合权重系数	低度城市化重点开发	0.17	0.17	0.67
	高度城市化限制开发	0.22	0.22	0.56
	中度城市化限制开发	0.17	0.17	0.66
	低度城市化限制开发	0.09	0.09	0.82
	高度城市化禁止开发	0.11	0.11	0.78
	中度城市化禁止开发	0.08	0.08	0.84
	低度城市化禁止开发	0.04	0.04	0.92

参考文献

[1]李超. 绿色城市发展战略体系研究[D]. 南京:南京林业大学,2006.

[2]郑倩婧. 低碳城市建设成熟度评价研究[D]. 重庆:重庆大学,2018.

[3]AYYOOB SHARIFI. A critical review of selected smart city assessment tools and indicator sets[J].Journal of Cleaner Production,2019,233. 1269-1283.

[4]YUANBIN CAI,YANHONG CHEN,CHUAN TONG. Spatio temporal evolution of urban green space and its impact on the urban thermal environment based on remote sensing data:A case study of Fuzhou City,China[J].Urban Forestry & Urban Greening,2019,41:333-34.

[5]王淼. 绿色城市评价指标体系研究[D]. 大连:东北财经大学,2016.

[6]ARTMANN M, KOHLER M, MEINEL G, et al. How smart growth and green infrastructure can mutually support each other—a conceptual framework for compact and green cities [J]. Ecological Indicators,2019,96:10-22.

[7]LI Z, XU L. Evaluation indicators for urban ecological security based on ecological network analysis [J].Procedia Environmental Sciences,2010,2:1393-1399.

[8]罗震东,薛雯雯. 荷兰的绿色城市:豪滕新城的发展历史与规划实践[J]. 国际城市规划,2013,28(03):22-28.

[9]龙瀛,李苗裔,李晶. 基于新数据的中国人居环境质量监测:指标体系与典型案例[J]. 城市发展研究,2018,25(04):86-96.

[10]吕少飒. 从MDGs到SDG:国际发展目标的转变[D]. 厦门:厦门大学,2014.

[11]MERINO-SAUM A,BALDI M G, GUNDERSON I, et al. Articulating natural resources and sustainable development goals through green economy indicators:A systematic analysis [J].Resources,Conservation and Recycling,2018,139:90-103.

[12]陈可石. 绿色城市应把人放在第一位[J]. 开放导报,2010(06):36-37.

[13]窦攀烽，左舒翟，任引，等. 基于城市分类的绿色城市指标体系构建[J]. 生态学杂志，2019，38(06)：1937-1948.

[14]樊杰. 我国主体功能区划的科学基础[J]. 地理学报，2007，62(04)：339-350.

[15]LIU Z，REN Y，SHEN L，et al. Analysis on the effectiveness of indicators for evaluating urban carrying capacity：A popularity-suitability perspective [J].Journal of Cleaner Production，2020，246:119019.

[16]FAN J，TAO A，REN Q. On the Historical Background，Scientific Intentions，Goal Orientation，and Policy Framework of Major Function-Oriented Zone Planning in China [J]. Journal of Resources and Ecology，2010，1(1)：289-299.

[17]WANG W，WANG W，XIE P，et al. Spatial and temporal disparities of carbon emissions and interregional carbon compensation in major function-oriented zones：A case study of Guangdong province [J].Journal of Cleaner Production，2020，245:118873.

[18]谢高地，曹淑艳，冷允法，等. 中国可持续发展功能分区[J]. 资源科学，2012，34(09)：1600-1609.

[19]FAN J，SUN W，ZHOU K，et al. Major function oriented zone：New method of spatial regulation for reshaping regional development pattern in china [J]. Chinese Geographical Science，2012，22(2)：196-209.

[20]樊杰. 中国主体功能区划方案[J]. 地理学报，2015，70(02)：186-201.

第五章

案例城市与评价方法

本章选取了实证研究的城市,并基于城市功能与发展阶段对案例城市进行了分区分类,最后通过对传统方法的改进,建立了双标杆法,并为每个指标选取了适宜的标杆值。

5.1　案例城市的选取

考虑到所选案例城市需在地理位置上具有代表性、在城市类型中具有全面性、在发展阶段方面具有差异性,以及数据的可获取性和城市之间的基本可比性等因素,选取 27 个省会城市(自治区首府)与 4 个直辖市和 5 个计划单列市,总计 36 个案例城市作为 2015 年中国城市绿色发展水平评价的参评城市。

5.2　案例城市的分区分类

5.2.1　案例城市分区情况

根据主体功能区分类法,并且参照《全国主体功能区规划》中的优化开发、重点开发、限制开发、禁止开发的四类分类标准,将案例城市——4 个直辖市、27 个省会城市与 5 个计划单列市共计 36 个城市进行分类。结果表明(表 5-1),直辖市、省会城市与计划单列市在各省份中都属于较先进城市,在各地区中均属于中心城市。从开发内容的角度,36 个案例城市都属于城市化地区;从开发方式的角度,有 12 个案例城市的分类属于优化开发区域,主要位于环渤海地区、长江三角洲地区、珠江三角洲地区 3 大区域,其余 24 个案例城市的分类均属于重点开发区域,主要位于冀中南地区、太原城市群、呼包鄂榆地区、哈长地区、东陇海地区、江淮地区、海峡西岸经济区、中原经济区、长江中游地区、北部湾地区、成渝地区、滇中地区、藏中南地区、关中至天水地区、兰州至西宁地区、宁夏沿黄经济区、天山北坡地区等 17 个区域。

表 5-1　基于主体功能区的案例城市分区情况

Tab.5-1　Urban zoning based on the Main Functional areas

主体功能区	城市
优化开发区域	北京市、天津市、沈阳市、大连市、济南市、青岛市、上海市、南京市、杭州市、宁波市、广州市、深圳市
重点开发区域	石家庄市、太原市、呼和浩特市、哈尔滨市、长春市、合肥市、福州市、厦门市、郑州市、武汉市、长沙市、南昌市、南宁市、海口市、重庆市、成都市、贵阳市、昆明市、拉萨市、西安市、兰州市、西宁市、银川市、乌鲁木齐
限制开发区域	—
禁止开发区域	—

5.2.2　案例城市分类情况

参照 36 个城市的"十三五"规划中所提到的关于城市化率的完成情况,获取到各城市在 2015 年的城市化率状况,再对 36 个城市按照城市化率进行排名。结果表明(表 5-2),中国的直辖市、省会城市与计划单列市具有较高的城市化率,其中深圳市的城市化率已经达到 100％。

表 5-2　36 个城市的城市化率排名(2015 年)

Tab.5-2　Ranking of urbanization rate of 36 cities

排名	城市	城镇化率	排名	城市	城镇化率
1	深圳市	100.00％	19	乌鲁木齐市	72.90％
2	厦门市	89.00％	20	成都市	71.30％
3	上海市	87.60％.	21	宁波市	71.10％
4	北京市	86.50％	22	南昌市	71.00％
5	广州市	85.43％	23	合肥市	70.40％
6	太原市	84.40％	24	昆明市	70.05％
7	天津市	82.64％	25	青岛市	69.99％
8	南京市	81.40％	26	郑州市	69.70％
9	兰州市	80.95％	27	西宁市	68.90％

续表

排名	城市	城镇化率	排名	城市	城镇化率
10	沈阳市	80.50%	28	济南市	67.96%
11	武汉市	79.41%	29	呼和浩特市	67.50%
12	海口市	77.23%	30	福州市	62.70%
13	银川市	75.80%	31	重庆市	60.94%
14	杭州市	75.30%	32	南宁市	59.31%
15	大连市	75.00%	33	长春市	58.60%
16	长沙市	74.38%	34	石家庄市	58.30%
17	贵阳市	74.00%	35	哈尔滨市	48.30%
18	西安市	73.00%	36	拉萨市	45.98%

　　根据城市化率分类法,将36个城市分为高度城市化、中度城市化、低度城市化三个类型(表5-3)。结果表明,在直辖市、省会城市与计划单列市之中,有24个城市的城市化水平属于高度城市化阶段,占总数的2/3,以深圳市、厦门市、上海市为代表,多数为经济较发达地区;有10个城市的城市化水平属于中度城市化阶段;另外,哈尔滨市和拉萨市的城市化水平属于低度城市化阶段,该类型城市属于发展相对落后地区,但是在主体功能区分类法中,哈尔滨市与拉萨市属于重点开发类别,因此这两个城市具有巨大的发展潜力。

表5-3　基于城市发展阶段的城市分类情况

Tab.5-3　Urban classification based on the stage of urban development

城镇化率 S	城市
S>70%	深圳市、厦门市、上海市、北京市、广州市、太原市、天津市、南京市、兰州市、沈阳市、武汉市、海口市、银川市、杭州市、大连市、长沙市、贵阳市、西安市、乌鲁木齐市、成都市、宁波市、南昌市、合肥市、昆明市
50%≤S≤70%	青岛市、郑州市、西宁市、济南市、呼和浩特市、福州市、重庆市、南宁市、长春市、石家庄市
S<50%	哈尔滨市、拉萨市

5.2.3　双规并行的案例城市分类分区法

　　将城市分区分类体系加以整合,结果显示,直辖市、省会城市与计划单列市等36个案例研究城市被分为五个组别,具体分类分区结果见表5-4。

表 5-4 基于主体功能与城市发展阶段的 36 个城市分区分类情况
Tab.5-4 Classification of 36 cities based on main function and urban development stage

		城市化率		
		高度城市化	中度城市化	低度城市化
主体功能区	优化开发区域	北京市、天津市、沈阳市、大连市、上海市、南京市、杭州市、宁波市、广州市、深圳市	济南市、青岛市	—
	重点开发区域	太原市、合肥市、厦门市、武汉市、长沙市、南昌市、海口市、成都市、贵阳市、昆明市、西安市、兰州市、银川市、乌鲁木齐市	石家庄市、呼和浩特市、长春市、福州市、郑州市、南宁市、重庆市、西宁市	哈尔滨市、拉萨市

5.3 指标数据的来源

本研究的数据选取 2015 年为基准年,指标数据来源分为可通过统计年鉴或报告直接获取、通过公式计算得出两种,具体数据来源如表 4-3 所示(其中:生态保护红线区面积保持率与公众对环境的满意度两项指标,国家相关部门有做过统计,但数据尚未公布,详见表 4-3):

(1)统计年鉴

部分数据可从《中国统计年鉴》《中国城市统计年鉴》《中国城市建设统计年鉴》《中国环境年鉴》以及各地方城市统计年鉴中直接获取,还有部分数据(如污染控制类)需获取各年鉴中数据后再通过公式计算得出。

(2)地方政府公报年报

关于水质方面的数据需通过各城市的政府相关部门发布的公报年报中获取,如水资源公报年报、环境质量状况公报(年报)。

(3)行业部门专业研究报告

单位 GDP 二氧化碳排放、中心城区建成区路网密度、自然保护区面积占比、地表水环境质量四项指标的数据参考了其他权威部门与机构发布的报告。

(4)地理信息大数据

公共交通站点 500 米覆盖率、生物丰度指数以及城市紧凑度三项指标的数据是通过对遥感数据的解译后经过计算获取,为提高精度,将案例城市 2015 年的土地覆盖遥感监测影像数据解译为 30 米分辨率的栅格数据,根据土地资源及其利用属性,分为耕地、林地、草地、水域、建设用地和未利用土地 6 类。

公共交通站点 500 米覆盖率是通过全国兴趣点(POI)数据建立 500 米缓冲区,与遥感解译数据进行叠加的空间分析方式计算。

城市紧凑度指标通过对城市建设用地斑块数据的提取计算。

生物丰度指数通过提取城市的 6 类土地数据结合环境保护部 2015 年发布的《生态环境状况评价技术规范(HJ-192—2015)》中的参数计算。

5.4 指标数据标准化方法

各个指标的取值范围、计量单位与目标方向都存在不一致现象,因此需要对各指标的数据进行标准化处理。标准化处理是通过调整方向,按比例缩放,将各指标的数据落入一个特定区间,从而使各指标之间具有可比性。

对参评城市的指标数据进行标准化处理,可以使各指标间数据具有可比性,目前,在城市尺度上关于绿色发展指标体系的无量纲化的方法有很多,例如阈值标准化法、单标杆标准化法、双标杆标准化法等。本研究中绿色城市评价指标的探究,分别采取阈值法与双标杆法对案例城市进行标准化。

5.4.1 阈值法与目标值法

(1)阈值法

阈值法,又称阈值标准化法,又叫极值法、Min-max 标准化法,即通过公式计算,可将有量纲的数据转化为无量纲的标准化数据。通过阈值法对指标体系中的数据进行打分,便于案例城市间的比较与排序。

通过对指标体系中各个指标方向的分析,可分为正向指标、负向指标、特定向指标三类,由于考虑到城市的服务性与宜居性,有些指标应该以特定值为发展目标最为合适(如人均居民生活用水量),不宜定为正向指标与负向指标,因此加入特定向指标。

在本研究的指标体系中,将人均居民生活用水量设为特定向指标,目标值参考《城市居民生活用水量标准》(GB/T 50331—2002)中的目标值上限,由于考虑到我国的国土面积广阔、地理跨度大,以及各地生活习惯的差异,该标准将我国按照地理位置共分为 6 个区,分别设立 6 个目标值,各城市按照对应的区域拥有不同的目标值。

阈值法的计算公式:

$$正向指标：P_{ij} = \frac{X_{ij} - X_{i\min}}{X_{i\max} - X_{i\min}} \times 100 \qquad (5-1)$$

$$负向指标：P_{ij} = \frac{X_{i\max} - X_{ij}}{X_{i\max} - X_{i\min}} \times 100 \qquad (5-2)$$

$$适宜值指标：P_{ij} = \frac{X_{bm} - |X_{ij} - X_{bm}|}{X_{bm}} \times 100 \qquad (5-3)$$

式中：P_{ij} 为第 j 个城市第 i 个指标的所得分数（当 $P_{ij} < 0$ 时，P_{ij} 取值为 0）；X_{ij} 为第 j 个城市第 i 个指标的数值；$X_{i\max}$ 为第 i 个指标的最大值；$X_{i\min}$ 为第 i 个指标的最小值。X_{bm} 为该指标的目标值。通过该方法进行无量纲化后的数据取值为 (0, 100)，每个指标都会出现 0 分与 100 分。

阈值法注重参评城市之间的排序，能够最大限度地展示出各指标的参评城市之间的分数差距，反映出各城市之间的绿色发展水平的差异。但该方法受异常值的影响较大，缺乏稳定性，当指标值不在同一数量级时，会大幅度影响总体得分。参评城市的改变导致指标中最大值与最小值发生变化时，整体的得分也会受到牵动。

（2）目标值法

目标值标准化法需要对每个指标都设置一个目标值，即满分所对应的指标值，公式为：

正向指标：

$$P_{ij} = \frac{X_{ij}}{X_{ib}} \times 100 \qquad (5-4)$$

负向指标：

$$P_{ij} = \frac{X_{ib}}{X_{ij}} \times 100 \qquad (5-5)$$

式中：P_{ij} 为第 j 个城市第 i 个指标的所得分数（当 $P_{ij} > 100$ 时，P_{ij} 取值为 100）；X_{ij} 为第 j 个城市第 i 个指标的数值；X_{ib} 为该指标的满分值。

目标值标准化法通过设立满分值，提高了稳定性，但是同样没有考虑特定向指标，并且得分的区间依然不够严格。对于正向指标，得分区间只能是从 0 到目标值，这对于某些效率性指标并不适用。例如，集中式饮用水水源地水质达标率为 60% 是一个严重污染现象，即便设定 100% 为目标值，但该城市依然会得到 60 分；而对于负向指标，则没有明确得分区间下限的指标值。该方法只设定了得分上限而缺少得分下限。

5.4.2 双标杆法的建立

为了对以上方法进行完善，本研究提出了双标杆法，又称双基准渐进法，明确了每个指标的得分上限与下限。与阈值法的标准化方式不同,关于正向指标与负向指标,双标杆法通过对各个指标设立两个不同标杆值(A 值与 C 值)的方式,来明确得分区间。A 值(满分值)为指标通过标准化后得分为 100 分时该指标的数值,C 值(及格值)为指标通过标准化后得分为 60 分时该指标的数值,不同的指标需要分别设立 A 值与 C 值。因此双标杆法是通过对指标体系中的各个指标设立两个不同的标杆值(满分值与及格值)的方式,进而对数据进行标准化。

关于特定向指标,则通过指标与 A 值差值的绝对值来揭示得分情况,指标与 A 值的距离越小,则得分越高,得分下限为 0 和两倍 A 值所对应的指标数值。

5.4.2.1 计算公式:

双标杆法中各指标的计算公式如下:

正负向指标:

$$P_{ij} = \frac{(S_A - S_C)}{(X_{iA} - X_{iC})} \times (X_{ij} - X_{iC}) + S_C \tag{5-6}$$

特定向指标:

$$P_{ij} = \frac{X_{iA} - \mid X_{ij} - X_{iA} \mid}{X_{iA}} \times 100 \tag{5-7}$$

式中:P_{ij} 为第 j 个城市第 i 个指标标准化后的所得分数(当 $P_{ij} < 0$ 时,P_{ij} 取值为 0;当 $P_{ij} > 100$ 时,P_{ij} 取值为 100);X_{ij} 为第 j 个城市第 i 个指标的数值;X_{iA} 为第 i 个指标满分值 A 值;X_{iC} 为第 i 个指标及格值 C 值;S_A 为该指标满分值 A 值所对应的分数(100 分);S_C 为该指标及格值 C 值所对应的分数(60分)[1]。

与其他标准化处理方法相比,双标杆法更具有科学性、实用性、稳定性,不但使不同指标之间具有了可比性,而且不会受到指标数值的影响,通过 A 值与 C 值的设立,使得各指标得分区间落在一个固定的范围内,有效体现了单个指标中城市之间的差距。

5.4.2.2 标杆值的选取原则

双标杆法通过 A 值与 C 值对得分区间进行调控,在通过该方法进行标准化的过程中,A 值与 C 值的重要性十分明显,可以影响整体评价结果,因此,本研究设立如下标杆选取原则。

(1)符合国情

首先,充分考虑到我国的国情,标杆值应适用于我国城市的发展阶段,符合我国城市的发展规律,因此本研究结合我国城市的发展特点,在对标杆值进行选取时,优先参考了国家相关部门所发布的文件与规划,如《国家节水型城市考核标准》《可再生能源发展"十三五"规划》《国家生态园林城市标准》《海绵城市建设评价标准》《"十三五"生态环境保护规划》《城市居民生活用水量标准》等。

（2）目标可达性

考虑到标杆值的目标可达性,标杆值作为发展目标应该是切实可行的,是我国大多数城市可以达到的发展目标,因此本研究参考了国内先进城市的现状值以及未来规划,例如:厦门市市政、园林、林业"十三五"规划;《南京市"十三五"公共交通发展规划》;厦门市综合交通运输"十三五"发展规划;上海市综合交通"十三五"规划等。

（3）目标激励性

考虑到标杆值的目标激励性,标杆值作为我国城市的绿色发展方向,应当能激励我国城市的绿色发展水平的进步,对我国城市的发展起到促进作用。本研究在保持以上选取原则的同时,也参考了国外相关机构发布的报告,如欧洲绿色城市报告等,并且参考了各指标的国外先进城市的现状,如哥本哈根、新加坡等。

（4）地区差异性

考虑到中国的国土面积广阔、地理跨度大、社会发展不均衡以及各地生活习惯不同等因素,本研究对人均居民生活用水量这一特定向指标按照分区设立 6 个 A 值,各城市按照对应的区域拥有不同的标杆值。

（5）统计学分布特征

对于没有确切参考依据的部分指标,本研究采用该指标的数据统计学分布特征的百分位数作为标杆值。对于正向指标,选取数组概率分布的 95％百分位数作为 A 值,选取数组概率分布的 40％百分位数作为 C 值;对于负向指标,选取数组概率分布的 5％百分位数作为 A 值,选取数组概率分布的 60％百分位数作为 C 值。

5.4.2.3　双标杆法的构建

基于标杆选取原则,通过对标杆值进行进一步筛选,最终确定了双标杆法的评价标准。如表 5-5 所示,对于没有确切参考依据的部分指标,本研究分析了 36 个案例城市指标数据的统计学分布特征,然后通过对统计学分布的探究,选取了该指标中总体排名前 5％与前 60％的位置作为节点。对于正向指标,选取数组概率分布的 95％百分位数作为 A 值,选取数组概率分布的 40％百分位数作为 C 值;对于负向指标,选取数组概率分布的 5％百分位数作为 A 值,选取数组概率分布的 60％百分位数作为 C 值。最后对于没有参考依据的特定向指标,本研究选取参考城市指标数据的中间值作为 A 值。

表 5-5　标杆值选取情况

Tab.5-5　The selection of benchmark value

指标	指标	A 值	C 值	选取依据
单位 GDP 水耗（一）	GP_1	2.798	6.995	参照《国家节水型城市考核标准》中低于全国均值的 40% 划定 A 值；C 值为全国均值
工业用水重复利用率（＋）	GP_2	97%	83%	参照《中国首批 40 个循环经济示范市》中最优值划定 A 值；参照《国家节水型城市考核标准》划定 C 值
工业固体废物综合利用率（＋）	GP_3	100%	90%	统计学分布特征
单位面积建设用地经济产出（＋）	GP_4	257100	132220	统计学分布特征
单位 GDP 二氧化碳排放（一）	GP_5	0.312	1.243	参照《亚洲绿色城市报告》中新加坡,2008,亚洲综合第一的该指标数值划定 A 值；根据统计学分布特征划定 C 值
非常规水资源利用率（＋）	GP_6	20%	5%	参照《国家生态园林城市标准》划定 A 值；根据统计学分布特征划定 C 值
单位 GDP 氨氮排放量（一）	GP_7	0.074	0.194	统计学分布特征
单位 GDP 化学需氧量排放量（一）	GP_8	0.662	1.814	统计学分布特征
单位 GDP 氮氧化物排放量（一）	GP_9	0.491	1.840	统计学分布特征
单位 GDP 二氧化硫排放量（一）	GP_{10}	0.244	1.453	统计学分布特征
单位 GDP 工业固体废物产生量（一）	GP_{11}	0.006 9	0.1443	统计学分布特征
危险废物处置率（＋）	GP_{12}	100%	90%	统计学分布特征
生活污水集中处理率（＋）	GL_1	100%	90%	参照《亚洲绿色城市报告》中新加坡,2008,亚洲综合第一的该指标数值划定 A 值；参照《国家生态园林城市标准》划定 C 值
供水管网漏损率（一）	GL_2	4.6%	10%	参照《亚洲绿色城市报告》中新加坡,2008,亚洲综合第一的该指标数值划定 A 值；参照《国家节水型城市考核标准》划定 C 值

续表

指标	指标	A 值	C 值	选取依据
生活垃圾无害化处理率（＋）	GL₃	100%	90%	参照《国家生态园林城市标准》划定 A 值；根据统计学分布特征划定 C 值
万人公共交通车辆保有量（＋）	GL₄	22	13	参照《南京市"十三五"公共交通发展规划》划定 A 值；根据统计学分布特征划定 C 值
公共交通站点 500 米覆盖率（＋）	GL₅	90%	70%	统计学分布特征
中心城区建成区路网密度（＋）	GL₆	8	5.49	参照《关于进一步加强城市规划建设管理工作的若干意见》划定 A 值；根据统计学分布特征划定 C 值
人均居民生活用水量（＊）	GL₇	一区：135 二区：140 三区：180 四区：220 五区：140 六区：125	—	参照《城市居民生活用水量标准》GB/T 50331—2002 一区：黑龙江、吉林、辽宁、内蒙古 二区：北京、天津、河北、山东、河南、山西、陕西、宁夏、甘肃 三区：上海、江苏、浙江、福建、江西、湖北、湖南、安徽 四区：广西、广东、海南 五区：重庆、四川、贵州、云南 六区：新疆、西藏、青海
人均居民生活用电量（＊）	GL₈	3.3	—	根据统计学分布特征，取中间值作为标杆
人均生活垃圾产生量（－）	GL₉	0.29	0.8	统计学分布特征
建成区绿化覆盖率（＋）	EE₁	40%	24%	参照《国家生态园林城市标准》划定 A 值；根据统计学分布特征划定 C 值
人均公园绿地面积（＋）	EE₂	17	10	根据统计学分布特征划定 A 值；参照《国家生态园林城市标准》划定 C 值
生物丰富度指数（＋）	EE₃	140	70	统计学分布特征
自然保护区面积占比（＋）	EE₄	20	12	参照《国家生态文明建设示范市标准》中受保护区占国土面积比例划定 A 值；以 2014 年中高等收入国家平均受保护区面积占比划定 C 值
空气质量优良天数（＋）	EE₅	365	219	参照《国家生态园林城市标准》划定 A 值与 C 值

续表

指标	指标	A 值	C 值	选取依据
集中式饮用水水源地水质达标率（＋）	EE_6	100%	90%	统计学分布特征
地表水环境质量（CWQI）（－）	EE_7	10	20	参照《地表水环境质量标准》（GB 3838—2002）划定 A 值与 C 值
交通干线噪声平均值（－）	EE_8	66.4	69	统计学分布特征
城市紧凑度（－）	EE_9	0.517	0.268	统计学分布特征

注：（＋）表示正向指标，（－）表示负向指标，（＊）表示特定向指标

5.4.2.4 等级划分方法

绿色城市发展评价的等级的划分，是为了便于对城市绿色发展不同阶段的综合情况进行比较，从而体现绿色生产、绿色生活、环境质量三个子系统分别对城市绿色发展水平的影响程度。

基于对样本城市的绿色发展水平的计算结果，参考国内外相关研究，将样本城市的综合得分与分维度得分采用分等级的方式分为优秀、良好、一般、及格和较差 5 个等级，各级别的分数区间如表 5-6 所示。

表 5-6 城市绿色发展水平分级方法

Tab.5-6 Classification method of green city development level

等级	得分	标准说明
优秀	$S \geqslant 80$	城市绿色发展水平整体优秀，各维度的绿色发展情况均处于我国领先水平，绿色发展过程中没有明显的缺陷与短板
良好	$70 \leqslant S < 80$	城市绿色发展水平整体良好，各维度的绿色发展情况较为协调，大部分指标能够达到我国领先水平，但部分指标存在短板与制约因素
一般	$65 \leqslant S < 70$	属于我国大多数地区城市的绿色发展水平，各维度的绿色发展情况基本能够达到国家相关要求，但是部分指标还是存在较大差距
及格	$60 \leqslant S < 65$	城市绿色发展水平整体勉强达标，具有较大提升空间，属于我国绿色城市建设的重点关注城市
较差	$S < 60$	城市绿色发展水平整体存在较大差距，各维度中存在明显短板与制约因素

5.4.3　基于分区分类的熵权法

5.4.3.1　熵权法介绍

熵原本是一个热力学概念,最早是由 C.E.Shannon 引入信息论中,作为信息的一个度量,称信息熵,目前已在工程技术、社会经济等领域得到了广泛的应用。根据信息论的基本原理,信息是系统有序程度的一个度量,而熵是系统无序程度的一个度量。信息的增加意味着熵的减少,而信息的减少表征熵的增加。

根据信息熵在信息论中的含义,可以根据信息熵对系统内的不同指标进行赋权,这种赋权法称为熵权法。熵权法是一种客观赋权方法,在具体使用过程中,熵权法根据各指标的变异程度,利用信息熵计算出各指标的熵权,再通过熵权对各指标的权重进行修正,从而得到较为客观的指标权重。

5.4.3.2　计算方法

运用熵权法确定指标权重一般遵循以下步骤:

(1)构建原始矩阵

假设有 i 个评价对象、j 个评价指标,第 i 个评价对象的第 j 个指标记为 $x(i,j)$。首先将原始数据进行无量纲化处理。

对越大越优型指标处理公式为:

$$P_{ij} = \frac{X_{ij} - X_{i\min}}{X_{i\max} - X_{i\min}} \times 100 \tag{5-8}$$

对越小越优型指标的处理公式为:

$$P_{ij} = \frac{X_{i\max} - X_{ij}}{X_{i\max} - X_{i\min}} \times 100 \tag{5-9}$$

对某适宜型指标的处理公式为:

$$P_{ij} = \frac{X_{bm} - |X_{ij} - X_{bm}|}{X_{bm}} \times 100 \tag{5-10}$$

式中:$X_{i\min}$,$X_{i\max}$ 和 X_{bm} 分别为样本中第 i 个指标最小值、最大值和最适值。然后得到指标的无量纲化原始矩阵 R,如下所示:

$$R = \begin{Bmatrix} r_{11}, r_{12}, \dots, r_{1j} \\ r_{21}, r_{22}, \dots, r_{2j} \\ \vdots \quad \vdots \quad \quad \vdots \\ r_{i1}, r_{i2}, \dots, r_{ij} \end{Bmatrix} \tag{5-11}$$

（2）计算信息熵

① 计算第 j 个指标下第 i 个项目的指标值的比重 p_{ij}：

$$p_{ij} = r_{ij} / \sum_{i=1}^{m} r_{ij} \tag{5-12}$$

② 计算第 j 个指标的信息熵 e_j：

$$e_j = -k \sum_{i=1}^{m} p_{ij} \cdot \ln p_{ij} \tag{5-13}$$

其中，$k = 1/\ln m$，如果 $p_{ij} = 0$，那么定义 $\lim_{p_{ij} \to 0} p_{ij} \ln p_{ij} = 0$

③ 计算第 j 个指标的熵权 w_j：

$$w_j = (1 - e_j) / \sum_{j=1}^{n} (1 - e_j) \tag{5-14}$$

从熵权的计算可知，当各备选项目在指标 j 上的值完全相同时，该指标的熵达到最大值 1，其熵权为零。这说明该指标未能向决策者提供有用的信息，即该指标的样本对决策者是无差异的，可以考虑舍去该指标。

（3）计算综合权数和得分

熵权法主要是根据指标对评价对象的区分度来确定权重的，无法表示指标的重要性。评估者可以根据自己目的和要求将指标重要性的权重确定为 α_j。α_j 基准值为 1，随着重要性增加可以取 2，3，…然后结合指标的熵权 w_j 就可以得到指标的综合权数，即权重 β_j，计算方法为：

$$\beta_j = \frac{\alpha_j w_j}{\sum_{j=1}^{m} \alpha_j w_j} \tag{5-15}$$

算出权重，就可以得到各评价的得分值 Q_i，计算公式为：

$$Q_i = \sum_{j=1}^{m} r_{ij} w_j \tag{5-16}$$

5.4.3.3 基于分区分类的熵权法

本研究首先运用熵权法将 36 个样本城市的 30 个三级指标分别确定权重 1（熵权重），接着根据主体功能区划确定权重 2（主体功能区权重），根据城市化率确定权重 3（城市化率权重），然后将权重 1、2、3 进行综合得到综合权重，最后用综合权重计算样本城市每个城市的得分，并进行排名。其中，权重 1、2、3 见表 5-7（表中显示的熵权重实际上是每个三级指标加和得到的一级指标的权重），综合权重见表 5-8。

表 5-7　熵权、主体功能区划和城市化率各自的权重

Tab.5-7　Weight of entropy power, subject functional zoning and urbanization rate

一级指标	熵权重	主体功能区划				城市化率		
		优化开发	重点开发	限制开发	禁止开发	低城市化 <50%	中城市化 50%～70%	高城市化 >70%
绿色生产	0.40	0.40	0.30	0.20	0.10	0.20	0.30	0.35
绿色生活	0.29	0.40	0.30	0.20	0.10	0.20	0.30	0.35
环境质量	0.31	0.20	0.40	0.60	0.80	0.60	0.40	0.30

从表 5-7 可以发现,城市化率越低,绿色生产和绿色生活的所占的权重就越低,环境质量所占的权重就越高。类似的,开发限制的越严格,绿色生产和绿色生活的所占的权重就越低,环境质量所占的权重就越高。如果一个城市既是低城市化率,又属于禁止开发区,那么绿色评价的得分几乎完全取决于环境质量的高低。

表 5-8　基于分区分类和熵权的综合权重

Tab. 5-8　Comprehensive weights based on partition classification and entropy weights

一级指标	绿色生产	绿色生活	环境质量
高城市化优化开发	0.28	0.51	0.21
中城市化优化开发	0.25	0.46	0.29
低城市化优化开发	0.18	0.34	0.48
高城市化重点开发	0.20	0.38	0.42
中城市化重点开发	0.17	0.31	0.52
低城市化重点开发	0.10	0.19	0.71
高城市化限制开发	0.13	0.25	0.62
中城市化限制开发	0.10	0.19	0.71
低城市化限制开发	0.05	0.10	0.85
高城市化禁止开发	0.07	0.12	0.81
中城市化禁止开发	0.05	0.08	0.87
低城市化禁止开发	0.02	0.04	0.94

参考文献

[1]ZHANG L, YANG J, LI D, et al. Evaluation of the ecological civilization index of China based on the double benchmark progressive method [J].Journal of Cleaner Production, 2019, 222: 511-519.

第六章

评价结果与分析

6.1　样本城市的选择

考虑到所选案例城市需在地理位置上具有代表性,在城市类型中具有全面性,在发展阶段方面具有差异性,以及数据的可获取性,和城市之间的基本可比性等因素,选取 27 个省会城市(自治区首府)、4 个直辖市和 5 个计划单列市(不包括港澳台地区)总计 36 个案例城市作为中国城市绿色发展水平评价的参评城市。

本研究通过绿色生产、绿色生活、环境质量三个维度分别对案例城市的绿色发展水平进行了定量评价,并对其进行了排序与等级划分,得到了案例城市在经济、社会以及生态这三方面的绿色发展水平现状,通过双轨并行的城市分区分类方法,匹配相应的权重系数,得到案例城市的绿色综合指数。最后结合案例城市的地理区域分布,探究了中国各地区之间的差异因素以及发展规律。

6.2　基于阈值法的评价结果

通过阈值法,采取等权重的方式对 36 个样本城市进行评价打分,通过综合得分与绿色生产、绿色生活、环境质量三个维度对样本城市分别进行排序与分级。

6.2.1　全维度评价

基于阈值法的绿色城市评价结果显示(表 6-1 和表 6-2),2015 年,样本城市的绿色发展水平综合平均分值为 63.39,总体属于一般水平。

表 6-1 基于阈值法的全维度得分排序

Tab. 6-1 Full-dimensional score ranking by the thresholding method

排名	城市	得分	排名	城市	得分
1	大连市	73.873	19	石家庄市	64.787
2	广州市	71.103	20	西安市	64.613
3	北京市	70.954	21	长沙市	64.606
4	厦门市	69.968	22	南宁市	64.232
5	南昌市	69.678	23	郑州市	63.938
6	杭州市	69.306	24	昆明市	63.541
7	合肥市	68.073	25	乌鲁木齐市	60.918
8	天津市	67.849	26	贵阳市	60.739
9	上海市	67.821	27	济南市	58.815
10	青岛市	67.745	28	沈阳市	58.477
11	深圳市	67.563	29	太原市	58.132
12	成都市	66.223	30	长春市	57.970
13	福州市	66.046	31	西宁市	57.245
14	宁波市	65.899	32	呼和浩特市	57.176
15	武汉市	65.093	33	银川市	56.835
16	重庆市	65.020	34	哈尔滨市	53.134
17	海口市	64.996	35	兰州市	48.666
18	南京市	64.842	36	拉萨市	46.283

36 个城市中,无一城市的绿色发展水平为优秀;达到良好级别的城市为 3 个,仅占样本城市总数的 8.3%;23 个城市的评价分值为一般级别,占样本城市总数的 63.9%;值得注意的是,有 10 个样本城市的绿色发展水平为较差,占样本城市总数的 27.8%。通过阈值法得出的评价结果表明我国多数城市的绿色发展水平为一般级别,并且依然有大量绿色发展水平较为落后的地区,因此整体情况不容乐观。

表 6-2 基于阈值法的城市评价等级

Tab. 6-2 Urban evaluation level by thresholding method

等级	数量	城市
优秀	0 个	—
良好	3 个	大连市、广州市、北京市
一般	23 个	厦门市、南昌市、杭州市、福州市、天津市、合肥市、深圳市、青岛市、上海市、长沙市、宁波市、成都市、重庆市、武汉市、石家庄市、海口市、昆明市、南京市、西安市、郑州市、南宁市、乌鲁木齐市、贵阳市
较差	10 个	济南市、沈阳市、太原市、长春市、西宁市、呼和浩特市、银川市、哈尔滨市、兰州市、拉萨市

结合中国地理区划,将我国分为七大地理区域。通过阈值法的全维度评价可以看出(表 6-3),我国的绿色发展综合水平整体较为均衡。绿色发展水平相对较高的城市主要分布在我国的华东地区、华南地区与华中地区,其中东南沿海地区的城市绿色发展水平较高;绿色发展水平一般的城市则相对分散,分布在华北地区、东北地区与西南地区;而绿色发展水平相对较差的城市多数分布在我国的西北地区。整体来看,沿海地区的绿色发展水平普遍高于内陆地区,南方地区的绿色发展水平普遍高于北方地区,东部地区的绿色发展水平普遍高于西部地区。

表 6-3 中国七大地区全维度得分

Tab. 6-3 Full-dimensional scores in the seven major regions of China

地区	平均得分
华中地区	64.55
华北地区	63.78
华东地区	66.82
华南地区	66.97
西北地区	57.66
东北地区	60.86
西南地区	60.36

6.2.2 绿色生产维度

绿色生产维度的平均分值为 69.89,总体属于一般水平,但与另外两个维度相比较,我国绿色生产水平相对较高。样本城市中,达到优秀级别的城市有 10

个,占样本城市总数的 27.8%;达到良好水平的有 12 个,占样本城市总数的 33.3%;8 个城市的绿色生产水平达到一般级别,占样本城市总数的 22.2%;6 个城市的水平较差,占总数的 16.7%(表 6-4)。

表 6-4 阈值法绿色生产维度得分排序

Tab. 6-4 Sort of green production dimension scores by thresholding method

排名	城市	得分	排名	城市	得分
1	北京市	85.239	19	南昌市	73.206
2	杭州市	83.455	20	西安市	72.180
3	天津市	82.159	21	长春市	71.499
4	广州市	81.509	22	石家庄市	70.682
5	宁波市	80.515	23	沈阳市	69.170
6	郑州市	80.386	24	南宁市	65.604
7	青岛市	80.267	25	海口市	65.394
8	深圳市	80.149	26	乌鲁木齐市	64.561
9	大连市	80.111	27	重庆市	64.351
10	武汉市	80.095	28	哈尔滨市	64.094
11	长沙市	79.383	29	昆明市	63.889
12	上海市	79.371	30	贵阳市	61.937
13	成都市	79.021	31	呼和浩特市	57.068
14	济南市	78.088	32	兰州市	55.813
15	南京市	75.816	33	太原市	53.933
16	合肥市	75.747	34	西宁市	45.501
17	厦门市	75.625	35	银川市	38.805
18	福州市	74.842	36	拉萨市	26.654

结合中国地理区划分可以看出,我国城市的绿色生产维度的发展水平较为不均衡,各地区间的水平差异较大(表 6-5)。绿色生产水平相对较高的城市主要分布在华东地区与华中地区,其中华中地区的城市绿色生产得分接近优秀;绿色生产水平一般的城市分布在华南地区、东北地区与华北地区;而绿色发展水平相对较差的城市多数分布在我国的西南地区与西北地区。

整体来看,中部与东部地区的城市绿色生产水平高于西部地区,并且差距较大,我国西部地区的城市绿色生产水平存在较大的发展空间。

表 6-5　中国七大地区绿色生产维度得分

Tab 6-5　Green production dimension scores in the seven major regions of China

地区	平均得分
华中地区	79.95
华北地区	69.82
华东地区	77.69
华南地区	73.16
西北地区	55.37
东北地区	71.22
西南地区	59.17

6.2.3　绿色生活维度

绿色生活维度的平均分值为 64.09,总体属于一般水平。样本城市中(表 6-6),无一城市的绿色生活水平达到优秀级别;达到良好水平的有 6 个,占样本城市总数的 16.7%;23 个城市的绿色生活水平达到一般级别,占样本城市总数的 63.9%;7 个城市的绿地生活水平较差,占总数的 19.4%。

表 6-6　阈值法绿色生活维度得分排序

Tab 6-6　Scores of sort of the green living dimension based on the thresholding method

排名	城市	得分	排名	城市	得分
1	合肥市	75.729	19	武汉市	65.226
2	上海市	73.354	20	宁波市	64.518
3	南昌市	71.539	21	广州市	64.339
4	大连市	71.069	22	深圳市	64.150
5	杭州市	70.953	23	西安市	63.975
6	北京市	70.218	24	重庆市	63.564
7	天津市	69.682	25	贵阳市	62.888
8	昆明市	69.658	26	银川市	62.747
9	济南市	69.308	27	海口市	62.224
10	西宁市	69.118	28	福州市	61.648
11	厦门市	68.522	29	南京市	60.831
12	成都市	68.167	30	哈尔滨市	56.538

续表

排名	城市	得分	排名	城市	得分
13	青岛市	68.060	31	呼和浩特市	56.294
14	长沙市	67.238	32	沈阳市	54.402
15	南宁市	66.983	33	乌鲁木齐市	54.382
16	石家庄市	66.692	34	长春市	52.947
17	太原市	66.266	35	兰州市	45.617
18	郑州市	65.939	36	拉萨市	42.507

结合中国地理区划可以看出,我国的城市绿色生活维度的发展水平相对均衡(表6-7)。绿色生活水平相对较高的城市主要分布在华东地区与华中地区;绿色生活水平一般的城市分布在华南地区、西南地区与华北地区;而绿色生活水平相对较差的城市多数分布在东北地区与西北地区。

整体来看,东北地区与西北地区的绿色生活水平较低,与其他地区相比差距较大,我国南方地区城市的绿色生活水平普遍高于北方地区。

表 6-7　中国七大地区绿色生活维度得分
Tab. 6-7　Scores of green life dimension in the seven major regions of China

地区	平均得分
华中地区	66.13
华北地区	65.83
华东地区	68.45
华南地区	64.42
西北地区	59.17
东北地区	58.74
西南地区	61.36

6.2.4　环境质量维度

环境质量维度的平均分值为56.20,总体属于较差水平。样本城市中,无一城市的环境质量水平达到优秀级别;达到良好水平的仅有1个,占样本城市总数的2.8%;10个城市的环境质量水平达到一般级别,占样本城市总数的27.8%;25个城市的环境质量水平较差,占总数的69.4%(表6-8)。

表 6-8　阈值法环境质量维度得分排序

Tab. 6-8　Sort of environmental quality dimension scores by thresholding method

排名	城市	得分	排名	城市	得分
1	大连市	70.439	19	昆明市	57.075
2	拉萨市	69.688	20	石家庄市	56.988
3	银川市	68.955	21	青岛市	54.909
4	广州市	67.461	22	太原市	54.196
5	海口市	67.371	23	杭州市	53.511
6	重庆市	67.146	24	合肥市	52.743
7	厦门市	65.755	25	宁波市	52.665
8	南昌市	64.288	26	沈阳市	51.857
9	乌鲁木齐市	63.810	27	天津市	51.707
10	福州市	61.648	28	成都市	51.482
11	南宁市	60.108	29	上海市	50.738
12	深圳市	58.389	30	武汉市	49.957
13	呼和浩特市	58.166	31	长春市	49.464
14	南京市	57.880	32	长沙市	47.196
15	西安市	57.682	33	郑州市	45.489
16	北京市	57.406	34	兰州市	44.569
17	贵阳市	57.392	35	哈尔滨市	38.770
18	西宁市	57.117	36	济南市	29.048

结合中国地理区划可以看出,我国城市的环境质量维度的发展水平较差(表6-9)。环境质量水平相对较高的城市主要分布在华南地区与西南地区;环境质量水平一般的城市分布在华东地区、西北地区、东北地区与华北地区;环境质量水平较差的城市分布在华中地区。

整体来看,我国南部地区城市的环境质量水平较高,而中部地区城市的环境质量水平最差。

表 6-9　中国七大地区环境质量维度得分

Tab. 6-9　Scores of environmental quality dimension in the seven regions of China

地区	平均得分
华中地区	47.55

续表

地区	平均得分
华北地区	55.69
华东地区	54.32
华南地区	63.33
西北地区	58.43
东北地区	52.63
西南地区	60.56

6.3 基于双标杆法的评价结果

通过双标杆法,采取等权重的方式对 36 个样本城市进行评价打分,通过综合得分与绿色生产、绿色生活、环境质量三个维度对样本城市分别进行排序与分级。

6.3.1 绿色生产子系统(绿色生产维度)

绿色生产维度主要包括资源利用与污染控制两方面,具体的指标大多与地区生产总值相关,本节基于双标杆法对 36 个案例城市的绿色生产子系统以及资源利用指数、污染控制指数两项二级指标进行了计算与排序,并且结合两种传统的地理划分方式,对我国城市绿色生产模式的区域差异性进行了分析。

6.3.1.1 评价结果与排序

如表 6-10 所示,绿色生产维度的平均分值为 60.54,总体属于及格级别,分数区间为 22.69 至 82.17,排名前三名的城市分别为北京市、深圳市、天津市;银川市、西宁市、拉萨市三个西部城市排名后三位。36 个案例城市在污染控制方面平均得分为 58.08,未达到及格线,属于较差级别,分数区间为 23.57 至 78.59;资源利用方面得分 63.00。值得注意的是,36 个案例城市的绿色生产子系统中的指数得分区间相差甚大,西宁市与北京市的资源利用指数相差约 93 分,与深圳市的得分相差更多。北京市作为我国的首都,是新型可持续发展理念的首批实践城市,深圳市是改革开放经济特区,注重高新技术产业,因此其资源利用方面表现健康。

表 6-10 绿色生产子系统评价结果排名

Tab.6-10 Ranking of the evaluation results of green production subsystem

城市	绿色生产子系统		污染控制		资源利用	
	得分	排序	得分	排序	得分	排序
北京市	82.17	1	66.16	10	98.18	2
深圳市	81.07	2	62.15	16	99.99	1
天津市	79.47	3	78.59	1	80.35	9
广州市	78.38	4	62.85	15	93.91	3
青岛市	76.22	5	72.35	3	80.10	10
成都市	75.07	6	65.93	12	84.22	6
杭州市	75.00	7	69.38	6	80.62	8
武汉市	73.65	8	68.15	9	79.14	11
上海市	73.14	9	60.21	19	86.07	5
济南市	72.47	10	76.27	2	68.66	19
长沙市	72.44	11	58.20	22	86.68	4
厦门市	69.99	12	56.28	23	83.71	7
合肥市	69.30	13	65.73	13	72.86	16
郑州市	68.62	14	68.84	7	68.40	20
宁波市	67.79	15	61.19	17	74.38	14
南昌市	65.89	16	59.32	20	72.46	17
南京市	65.62	17	55.46	24	75.78	13
长春市	65.47	18	69.65	5	61.30	23
福州市	64.74	19	65.98	11	63.49	21
大连市	63.96	20	59.07	21	68.85	18
西安市	63.45	21	53.93	25	72.97	15
海口市	62.88	22	47.14	30	78.62	12
沈阳市	59.50	23	63.23	14	55.77	24
哈尔滨市	58.10	24	68.29	8	47.92	27
南宁市	56.25	25	60.23	18	52.27	25
昆明市	53.47	26	45.51	31	61.42	22
石家庄市	51.42	27	69.68	4	33.16	31

续表

城市	绿色生产子系统		污染控制		资源利用	
	得分	排序	得分	排序	得分	排序
乌鲁木齐市	47.68	28	49.66	29	45.70	28
重庆市	47.44	29	50.92	28	43.96	30
贵阳市	43.63	30	36.46	35	50.80	26
太原市	41.56	31	37.59	34	45.53	29
呼和浩特市	40.63	32	52.00	26	29.26	32
兰州市	33.27	33	41.28	32	25.25	33
银川市	28.68	34	38.50	33	18.86	35
西宁市	28.23	35	51.07	27	5.40	36
拉萨市	22.69	36	23.57	36	21.82	34

如图 6-1 所示,虽然深圳市的资源利用指数接近满分,但是污染控制方面仅排第 16 名;长沙市的资源利用指数排名第 4 位,但污染控制指数仅排名第 22 位;石家庄市的污染控制指数排名第 4 位,但是资源利用指数排名第 31 位,因此石家庄市未来的绿色发展重点可以从资源利用方面着手,类似的,哈尔滨市的污染控制指数排名第 8 位,但是资源利用指数却排在第 27 位。

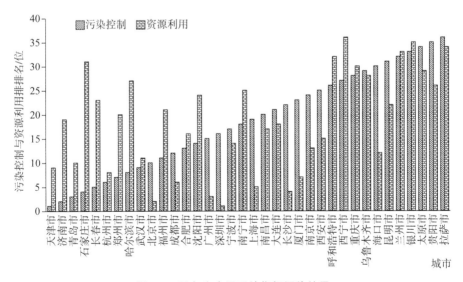

图 6-1　绿色生产子系统指标评价结果

Fig.6-1　Evaluation values of indicators of green production subsystem

6.3.1.2 分级情况

结合指标体系中的等级划分方法,在案例城市中,绿色生产得分达到优秀级别的城市有北京市和深圳市;达到良好级别的城市有 9 个,占样本城市总数的25%,以天津市为代表;有 7 个城市的绿色生产水平达到一般级别,如厦门市、合肥市;4 个城市的绿色生产水平为及格;另外,还有 14 个城市的水平较差,占样本总数的 38.9%,如沈阳市、拉萨市(表 6-10)。

6.3.1.3 绿色生产子系统区域分析

(1)区域间的差异分析

为了探究我国城市东西走向上的发展规律,将 36 个案例城市自东向西按照传统方式划分成东部城市、中部城市与西部城市三类[1],见表 6-11。通过对案例城市进行初步的区域划分并进行排序后,按顺序将每 9 个城市划分为一个级别,三类城市的分布如图 6-2 所示,从城市的排名个数累计来看,前 9 位中,东部城市居多,中部城市仅武汉市位列其中,西部城市也仅有成都市位列其中;前 18 位中,中部城市的比例开始扩大,长沙、合肥、郑州、南昌、长春位列其中;而最后 9 位中,有 8 个城市来自西部城市。这表明,在绿色生产子系统中,我国城市自西向东存在显著差异。

表 6-11 案例城市区域分类
Tab.6-11 Regional classification of case cities

城市区域分类	案例城市
东部	北京、天津、石家庄、沈阳、大连、上海、南京、宁波、杭州、厦门、福州、济南、青岛、深圳、广州、海口
中部	太原、长春、哈尔滨、合肥、南昌、郑州、武汉、长沙
西部	成都、重庆、贵阳、昆明、拉萨、西安、兰州、西宁、银川、乌鲁木齐、南宁、呼和浩特

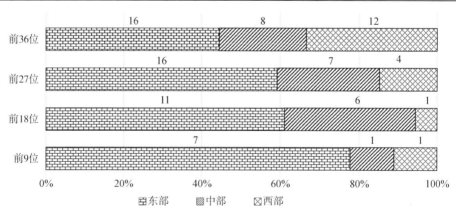

图 6-2 绿色生产子系统在东部、中部、西部排名情况
Fig.6-2 Ranking of the green production subsystem in the eastern, central, western

（2）七大地理区域间的差异

为了进一步细致地探究城市绿色发展现状在地域上的差异,本研究结合了中国七大地理区划[2],对案例城市的绿色发展进行分类,中国七大地理区域分为:华中地区、华北地区、华东地区、华南地区、西北地区、东北地区、西南地区。华中地区包括武汉市、长沙市、郑州市;华北地区包括北京市、天津市、石家庄市、呼和浩特市、太原市;华东地区包括上海市、福州市、厦门市、杭州市、济南市、南京市、宁波市、青岛市、合肥市以及南昌市;华南地区包括广州市、海口市、深圳市、南宁市;西北地区包括兰州市、乌鲁木齐市、西安市、西宁市、银川市;东北地区包括哈尔滨市、长春市、沈阳市、大连市;西南地区包括重庆市、成都市、贵阳市、昆明市、拉萨市。

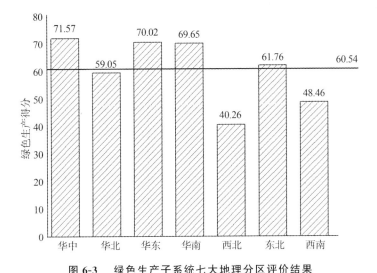

图 6-3　绿色生产子系统七大地理分区评价结果

Fig.6-3　Evaluation values of seven geographical partition of the green production subsystem

如图 6-3 所示,各地区间的绿色生产维度发展水平很不均衡,差异较大。华中、华东、华南、东北地区的绿色生产水平高于平均水平。华中地区的得分为71.57,排名最后的郑州市得分也远高于平均得分,可见华中地区城市为生产模式绿色转型做出的努力;华东地区的得分为 70.02,其中青岛市的得分为 76.22,在华东地区得分最高;华南地区的得分虽然远高于平均分,但是在绿色生产维度的发展并不均衡,其中深圳市的得分高达 81.07,但是南宁市的得分仅为 56.25。

西北、西南以及华北地区的得分低于平均分,西北地区的得分仅为 40.26,位列七个地区的最后一名,其中仅西安市得分超过 60 分,其他城市的得分均低于50分;华北地区的得分为59.05,但北京市和天津市的得分为82.17与79.47,位列36个城市排名的第一名与第三名;西南地区的得分仅为48.46,但成都市的得分也达到了75.07。整体来看,东部地区的绿色生产水平高于西部地区,并且差距较大,我国华北地区与西部地区的绿色生产水平存在较大的发展空间。

6.3.2 绿色生活子系统

绿色生活维度包括绿色市政、绿色交通以及绿色消费三方面,考核了城市的基础设施是否完备以及居民生活方式是否绿色,本节对城市的绿色生活子系统以及绿色市政指数、绿色交通指数、绿色消费指数进行了计算与排序。

6.3.2.1 评价结果与排序

如表6-12所示,绿色生活维度的平均分值为64.80,总体属于一般水平,得分区间为41.98至76.64。排名前三的城市为合肥市、杭州市和南昌市(图6-4),排名后三名的城市为乌鲁木齐市、兰州市、拉萨市;绿色市政指数的平均值为64.03,得分区间为26.67至90.99;绿色交通的均值为63.06,得分区间为25.15至94.70;绿色消费的平均分为67.32,得分区间为35.63至88.02。相较于绿色生产子系统,绿色生活维度的得分区间较小。

表6-12 绿色生活子系统评价结果排名

Tab.6-12 Ranking of the evaluation results of green living subsystem

城市	绿色生活子系统		绿色市政		绿色交通		绿色消费	
	得分	排序	得分	排序	得分	排序	得分	排序
合肥市	76.64	1	68.29	17	77.51	8	84.11	4
杭州市	74.01	2	74.70	9	81.51	6	65.82	20
南昌市	73.27	3	69.02	15	68.75	15	82.05	6
上海市	73.26	4	60.24	23	76.07	9	83.46	5
济南市	72.94	5	83.68	2	47.12	28	88.02	1
天津市	72.27	6	78.55	4	56.36	25	81.88	7
太原市	71.96	7	90.99	1	55.43	27	69.45	17
大连市	71.67	8	60.00	24	69.54	14	85.47	2
长沙市	70.61	9	76.52	5	86.60	3	48.72	33
青岛市	70.29	10	76.05	7	58.50	23	76.32	10
成都市	69.86	11	71.21	12	81.78	5	56.59	30

续表

城市	绿色生活子系统		绿色市政		绿色交通		绿色消费	
	得分	排序	得分	排序	得分	排序	得分	排序
北京市	69.72	12	68.08	18	72.78	11	68.29	18
昆明市	69.22	13	62.40	20	67.57	17	77.70	9
石家庄市	68.19	14	78.88	3	44.05	30	81.63	8
厦门市	67.96	15	61.43	22	94.70	1	47.75	34
武汉市	67.92	16	73.97	10	72.04	12	57.76	27
郑州市	66.60	17	69.38	14	56.26	26	74.17	14
银川市	65.43	18	76.39	6	63.76	21	56.14	31
西安市	65.41	19	68.72	16	60.31	22	67.20	19
深圳市	64.98	20	75.14	8	84.17	4	35.63	36
广州市	64.95	21	64.20	19	81.51	7	49.14	32
福州市	64.58	22	48.01	32	88.35	2	57.38	29
重庆市	64.53	23	72.68	11	45.04	29	75.86	11
贵阳市	64.47	24	69.93	13	65.74	18	57.74	28
南宁市	63.65	25	50.25	31	64.92	20	75.79	12
海口市	62.72	26	56.87	27	67.73	16	63.57	23
宁波市	60.82	27	47.76	33	70.21	13	64.47	21
西宁市	60.73	28	42.97	34	75.08	10	64.15	22
南京市	60.72	29	57.68	26	65.15	19	59.34	26
呼和浩特市	55.38	30	55.23	28	35.45	35	75.47	13
长春市	55.05	31	53.33	29	39.80	32	72.01	15
哈尔滨市	54.64	32	42.36	35	36.52	34	85.05	3
沈阳市	54.42	33	60.00	24	41.13	31	62.13	24
乌鲁木齐市	52.96	34	61.54	21	36.74	33	60.59	25
兰州市	49.08	35	51.95	30	25.15	36	70.13	16
拉萨市	41.98	36	26.67	36	56.91	24	42.35	35

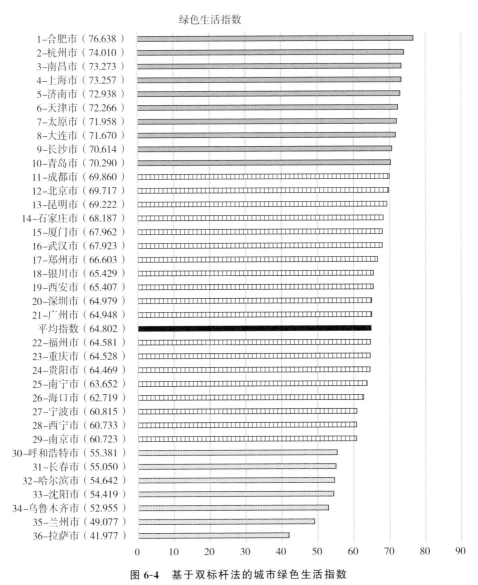

绿色生活指数

图 6-4 基于双标杆法的城市绿色生活指数

Fig.6-4 Double-benchmark method of urban green living subsystem

如图 6-5 所示,厦门市的绿色交通指数排名第 1 位,但绿色消费指数仅排名第三十四;深圳市的绿色交通指数排名第 11 位,但绿色消费指数排名第三十六;石家庄市的绿色市政指数排第三,交通方面排第 30 名;哈尔滨市的绿色消费指数排名第三,绿色市政指数排名第三十五位;太原市的绿色市政排第 1 名,但绿色交通指数排第 27 名;济南市的绿色消费指数排名第一,绿色市政指数排第二,但绿色交通指数排名第 28 位。因此,差异化的管理模式对绿色城市的建设十分重要。

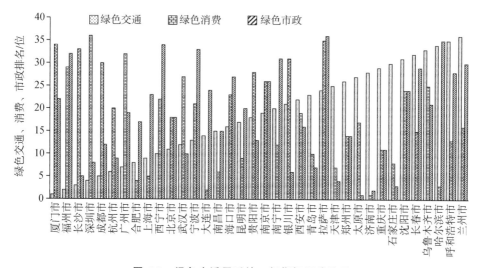

图 6-5 绿色生活子系统二级指标评价结果

Fig.6-5 Evaluation values of secondary indicators of green living subsystem

6.3.2.2 分级情况

依据指标体系等级划分方法的评价结果(表 6-12),样本城市中,无城市达到优秀级别;达到良好级别的城市有 10 个,占样本城市总数的 27.8%,以合肥市为代表;9 个城市的绿色生活水平达到一般级别,如成都市、北京市;10 个城市的绿色生活级别仅为及格,如深圳市、广州市;7 个城市的级别为较差,占总数的19.4%,如呼和浩特市、拉萨市。

6.3.2.3 绿色生活子系统区域分析

(1)区域间的差异

通过图 6-6 可以明显地看出,在绿色生活子系统方面,中部地区的城市得分更高,中部的 8 个案例城市中有半数城市分布在前 9 位;而西部地区无城市位列前 9 位,排名全部相对靠后,仅银川市、昆明市、成都市 3 个城市位列前 18 名;东部城市则比较均匀地分布在排名中,其中沈阳市和南京市位列后 9 名。总体来看,中部地区城市排名相对靠前。

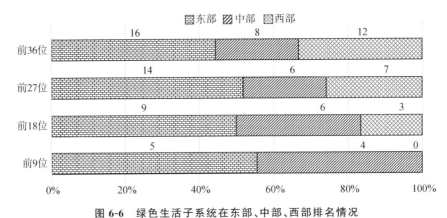

图 6-6　绿色生活子系统在东部、中部、西部排名情况

Fig.6-6　Ranking of the green living subsystem in the eastern, central, western

（2）七大地理区域间的差异

如图 6-7 所示，结合七大地理分区，华中、华北以及华东地区的绿色生活指数高于平均值。华东地区的得分为 69.45，在七个地区中排名第一，但南京市与宁波市的得分仅为 60.72 与 60.82，在案例城市中仅排在第 29 名与第 27 名；华北地区的得分为 67.50，在七个地区中排名第三，其中仅呼和浩特市的得分低于60 分。

西北、东北以及西南地区的得分较低，其中西北地区的得分最低，仅为58.72 分，银川作为西北地区得分最高的城市，也仅排在第 18 位，其他的西北地区的城市均排在后 18 位；东北地区排名第六，其中大连市的得分达到 71.67，其

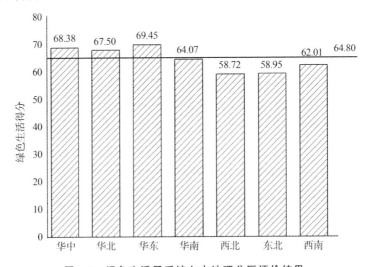

图 6-7　绿色生活子系统七大地理分区评价结果

Fig.6-7　Evaluation values of seven geographical partition of the green living subsystem

他城市的得分均低于 60 分；西南地区排名第五,其中仅拉萨市得分低于 60 分,
绿色生活指数为较差级别。

通过双标杆法的评价结果结合中国地理区划可以看出,我国的绿色生活维
度的发展水平较不均衡。绿色生活水平相对较高的城市主要分布在我国的华北
地区、华东地区与华中地区；绿色生活水平一般的城市分布于华南地区与西南地
区；而绿色生活水平相对较差的城市多数分布在我国的东北地区与西北地区。
整体来看,东北地区与西北地区的绿色生活水平较低,与其他地区相比差距较
大。但是相较于绿色生产子系统,七大地理分区之间的差异相对较小。

6.3.3 环境质量子系统

环境质量维度包括生态环境、生物多样性、大气环境、水环境、声环境以及城
市形态六个方面,从城市的自然禀赋出发来考量城市的开发程度、生态安全与宜
居性。

6.3.3.1 评价结果与排序

如表 6-13 所示,案例城市的环境质量维度的平均分值为 73.14,总体属于良
好水平,是三个子系统中得分最高的,得分区间为 57.39 至 85.80,排名前三的
城市为银川市、重庆市、厦门市,排名后三名的城市为长春市、济南市、哈尔滨市；
生物多样性的平均分为 56.89,得分区间为 28.76 至 86.86。银川市在环境质量
子系统中位列第一,但是在另外两个子系统中,银川市分别处在第 18 位与第 34
位,因为人口密度较低,开发强度较低,城市土地总体潜力较大,自然资源被保护得
相对完整。

表 6-13　环境质量子系统评价结果排名
Tab.6-13　Ranking of the evaluation results of environmental quality subsystem

城市	环境质量子系统		生物多样性	
	得分	排序	得分	排序
银川市	85.80	1	81.08	6
重庆市	84.67	2	69.77	9
厦门市	84.55	3	84.86	4
南昌市	83.31	4	84.31	5
大连市	82.10	5	86.86	1
海口市	81.24	6	59.12	16
拉萨市	80.54	7	86.69	2

续表

城市	环境质量子系统		生物多样性	
	得分	排序	得分	排序
呼和浩特市	79.59	8	86.12	3
福州市	77.85	9	59.61	15
西宁市	77.84	10	75.42	8
广州市	76.67	11	45.55	25
南宁市	75.39	12	51.48	22
乌鲁木齐市	75.11	13	30.58	35
西安市	74.94	14	61.71	14
太原市	73.68	15	69.40	10
贵阳市	73.30	16	45.55	26
杭州市	73.19	17	52.28	20
宁波市	72.94	18	57.61	17
北京市	72.76	19	62.09	12
石家庄市	72.04	20	43.63	27
昆明市	71.22	21	54.18	19
青岛市	71.01	22	43.39	28
上海市	70.82	23	78.95	7
深圳市	70.66	24	54.95	18
成都市	70.18	25	63.59	11
南京市	70.08	26	31.14	34
天津市	69.32	27	47.44	24
长沙市	67.45	28	48.85	23
武汉市	67.06	29	41.32	30
兰州市	66.92	30	52.12	21
沈阳市	66.82	31	42.29	29
合肥市	66.67	32	28.76	36
郑州市	65.12	33	40.13	31
长春市	64.85	34	33.32	32
济南市	59.84	35	31.77	33
哈尔滨市	57.39	36	61.92	13

6.3.3.2 分级情况

如表 6-13 所示,案例城市中,7 个城市的环境质量级别达到优秀级别,占样本总数的 19.4%,以银川市为代表;达到良好级别的城市 19 个,占样本城市总数的 52.8%,以呼和浩特市为代表;7 个城市的环境质量水平达到一般级别,如天津市、长沙市;长春市的级别为及格;济南市和哈尔滨市的环境质量水平为较差级别。

6.3.3.3 环境质量子系统区域分析

(1)区域间的差异

通过图 6-8 可以看出,环境质量子系统呈现出与其他两个子系统相反的结果,西部地区有 1/3 的城市排在前 9 位,3/4 的城市位列前 18 位;而中部地区中有 3/4 的城市处在最后 9 位,仅南昌市和太原市处在前 18 位。总体看来,西部地区城市排名相对靠前。

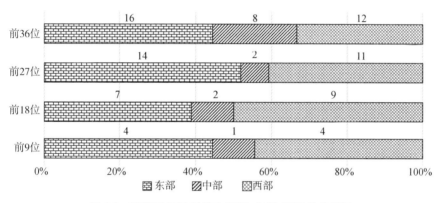

图 6-8 环境质量子系统在东部、中部、西部排名情况

Fig.6-8 Ranking of the environmental quality subsystem in the eastern, central, western

(2)七大地理区域间的差异

如图 6-9 所示,结合中国七大地理分区发现,环境质量水平相对较高的城市主要分布在我国的华南地区、西北地区与西南地区;环境质量水平相对一般的城市分布于华东地区与华北地区;环境质量水平相对较差的城市分布在华中地区与东北地区。华中地区与东北地区城市的得分低于平均值,并且相差甚大,而西北地区城市的环境质量评价的得分最高,与东北地区形成反差,虽然兰州市地处得分最高的西北地区,但是在案例城市中位列 30 名;而大连市虽处在东北地区,却排在了第 5 位。

整体来看,我国南部地区的环境质量水平较高,而中部地区与东北地区的环境质量水平最差。

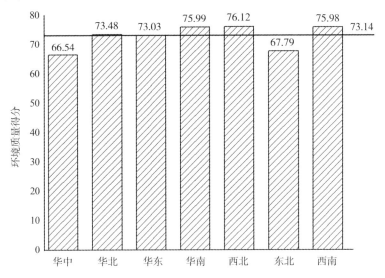

图 6-9 环境质量子系统七大地理分区评价结果
Fig.6-9 Evaluation values of seven geographical partition of the environmental quality subsystem

6.3.4 基于双标杆法的综合评价(全维度评价)

基于对三个子系统的评价,本节结合了主体功能区与城市化分类的权重分配方案,将评价结果进行整合,得到了案例城市的绿色评价综合得分。

6.3.4.1 综合评价结果与排序

如表 6-14 所示,通过对案例城市的综合评价,得出案例城市的绿色发展指数,36 个案例城市的绿色指数得分区间为 51.31 至 75.79,平均值为 67.59。排名前十的城市中,有 6 个城市属于高度城市化优化开发区;厦门市、南昌市、成都市属于高度城市化重点开发区,并且厦门市与南昌市分别位列第一名与第二名;青岛市属于中度城市化优化开发区,也位列前十;后十名中,仅沈阳市属于高度城市化优化开发区,其他 9 个城市都属于重点开发区。

表 6-14 36 个案例城市综合评价城市绿色指数
Tab.6-14 Ranking of the comprehensive evaluation results of 36 cities

排序	城市	得分	排序	城市	得分
1	厦门市	75.79	19	西安市	69.30
2	南昌市	75.72	20	南宁市	67.22
3	北京市	75.38	21	郑州市	66.44

续表

排序	城市	得分	排序	城市	得分
4	天津市	74.71	22	昆明市	65.93
5	杭州市	74.27	23	宁波市	65.83
6	上海市	72.78	24	石家庄市	65.56
7	成都市	72.74	25	拉萨市	64.47
8	青岛市	72.70	26	南京市	64.39
9	深圳市	72.61	27	太原市	63.88
10	广州市	72.55	28	呼和浩特市	62.87
11	合肥市	71.77	29	长春市	62.42
12	长沙市	71.12	30	银川市	62.08
13	福州市	70.86	31	贵阳市	61.99
14	海口市	70.57	32	乌鲁木齐市	60.25
15	武汉市	70.50	33	西宁市	60.18
16	大连市	70.34	34	沈阳市	58.70
17	济南市	69.49	35	哈尔滨市	57.05
18	重庆市	69.48	36	兰州市	51.31

6.3.4.2 分级情况

如表 6-14 所示,双标杆法的绿色城市评价结果显示,我国城市绿色发展水平总体属于一般水平,平均分为 67.59;样本城市中,无一城市的绿色发展水平为优秀;达到良好级别的城市为 16 个,占样本城市总数的 44.4%,以厦门为代表;达到一般级别的城市有 8 个,占样本总数的 22.22%,城市类型较为分散,以重庆市为代表;达到及格级别的城市有 9 个,占样本总数的 25%,以南京市为代表;级别为较差的城市有 3 个,分别为沈阳市、哈尔滨市和兰州市。

6.3.4.3 区域分析

(1)东、中、西部间的差异

通过图 6-10 可以看出,东部地区城市多数分布在前 18 位,其中有 7 个城市分布在前 9 位,占比很高;中部地区的城市仅有一个分布在前 9 位,并且南昌市的综合得分为第 2 名,其他城市则均匀地分布在排名中;而西部地区的城市有 6 个分布在最后 9 位,仅成都市分布在前 9 位。总体看来,东部地区城市排名相对靠前,西部地区城市排名相对靠后。

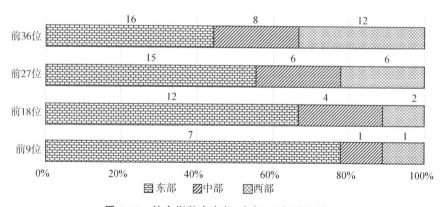

图 6-10　综合指数在东部、中部、西部排名情况

Fig.6-10　Ranking of the comprehensive index in the eastern, central, western

（2）七大地理区域间的差异

如图 6-11 所示，华中、华北、华东、华南地区的绿色发展指数高于平均得分，华东地区的分数为 71.36，在七个地区中排名第一；华南地区在七大分区中排名第二，但排名最后的南宁市得分低于平均分，仅为 67.22，位于案例城市的后 18 名；华北地区的得分虽然高于平均分，但是北京市和天津市的得分较高，拉动了华北地区的总体得分，而呼和浩特市与太原市仅达到及格级别，位于城市排名的后 18 位；东北地区在七个分区中排名第六，仅大连市的得分高于平均分达到70.34 分，哈尔滨市的得分仅为 57.05；西北地区的分数为 60.62，排在第 7 名，

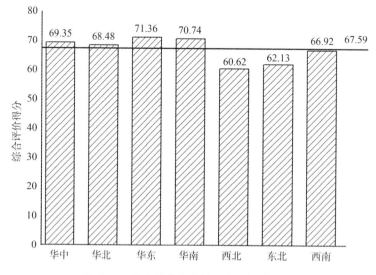

图 6-11　综合得分七大地理分区评价结果

Fig.6-11　Evaluation values of seven geographical partition of the comprehensive index

其中仅西安市的得分高于平均分,兰州市的得分仅为 51.31,位于 36 个城市排名的最后一名。

6.3.5 综合指数与子系统之间的关系

6.3.5.1 绿色生产子系统

如图 6-12 所示,将综合评价排名结果与绿色生产维度排名结果进行对比,共有 16 个城市的位次变化超过 5 名,7 个城市的位次变化超过 10 名。绿色生产维度优于综合指数 5 个名次以上的有深圳市、广州市、武汉市、济南市、郑州市、宁波市、南京市、长春市、沈阳市、哈尔滨市 10 个城市;其中哈尔滨市、沈阳市、长春市的位次变化超过 10 名,并且在综合排名中位列后 7 位,究其原因是这 3 个城市分别为东北三省的省会城市,东北老工业基地的开发相对较早,第二产业较为成熟,但是带来了诸多资源环境问题,因此经过加权得到综合指数后,位次都处于后 7 名。

综合指数位次相比绿色生产维度位次提高超过 5 名的有厦门市、南昌市、福州市、海口市、重庆市、拉萨市 6 个城市,其中厦门市、南昌市、重庆市、拉萨市的位次变化超过 10 名,并且厦门市与南昌市的综合指数位于 36 个城市中的前两位,这 4 个城市都属于重点开发区,绿色生产维度的权重低于优化开发区,厦门市、南昌市、重庆市的第三产业对比东北地区相对发达,而拉萨市属于低度城市化重点开发区,绿色城市维度的权重仅为 0.17,因此加权综合评价后的名次提高较多。

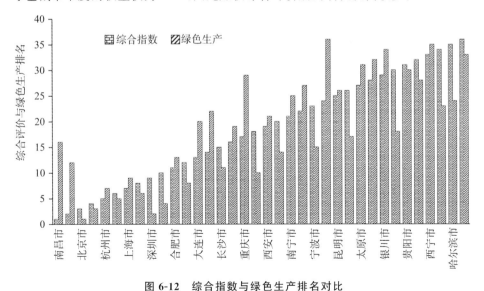

图 6-12 综合指数与绿色生产排名对比

Fig.6-12 Ranking of the comprehensive index and green production subsystem

6.3.5.2 绿色生活子系统

如图 6-13 所示,将综合评价排名结果与绿色生活维度排名结果进行对比,共有 15 个城市的位次变化超过 5 名,10 个城市位次变化超过 10 名。绿色生活维度优于综合指数 5 个名次以上的有合肥市、大连市、济南市、石家庄市、昆明市、太原市、银川市、贵阳市 8 个城市;其中合肥市、济南市、石家庄市、太原市、银川市的位次变化超过 10 名,其中太原市的名次变化最多,相差 20 名,太原市在绿色生活子系统中排名第 7,但是在综合指数中排名第 27,合肥市在绿色生活子系统中排名第 1,但是综合排名为第 11。

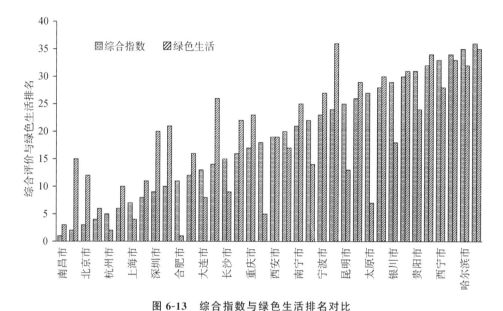

图 6-13　综合指数与绿色生活排名对比

Fig.6-13　Ranking of the comprehensive index and green living subsystem

综合指数位次优于绿色生活维度 5 名以上的有厦门市、北京市、深圳市、广州市、海口市、福州市、拉萨市 7 个城市;其中位次变化超过 10 名的有厦门市、深圳市、广州市、海口市、拉萨市,厦门市的位次变化最多,相差 14 名,厦门市在综合评价指数中排第 1 名,但是绿色生活维度排第 15 名。

6.3.5.3 环境质量子系统

如图 6-14 所示,将综合评价排名结果与环境质量维度排名结果进行对比,共有 24 个城市的位次变化超过 5 名,21 个城市位次变化超过 10 名。环境质量维度优于综合指数 5 个名次以上的有大连市、海口市、重庆市、南宁市、拉萨市、太原市、呼和浩特市、银川市、贵阳市、乌鲁木齐市、西宁市、兰州市共 12 个城市,其中大连市、重庆市、拉萨市、太原市、呼和浩特市、银川市、贵阳市、乌鲁木齐市、西宁市9个城市的位次变化超过10名,而呼和浩特市、银川市、西宁市3个城市的排名更是相差20名,银川市、西宁市属于西北地区,呼和浩特市属于华北地区,排名相差最多的是银川市,银川市在环境质量维度排第1名,但是综合指数仅排第30名。

综合指数位次优于环境质量维度5名以上的有北京市、天津市、杭州市、青岛市、上海市、成都市、深圳市、合肥市、武汉市、长沙市、济南市、郑州市共12个城市,并且12个城市的位次变化全部超过10名,造成这种现象的原因是12个城市中超过半数的城市都属于优化开发区,环境质量维度的权重在三个子系统中最低,其中天津市的排名相差最多,相差23名,天津市在综合指数排名中位列第四,但环境质量维度仅排在第27名。

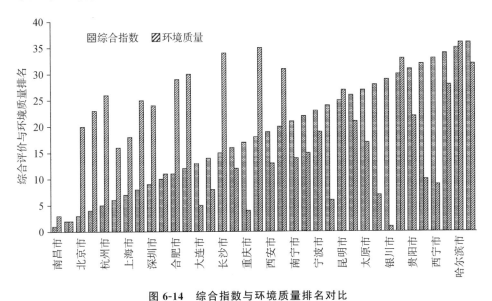

图6-14 综合指数与环境质量排名对比

Fig.6-14 Ranking of the comprehensive index and environmental quality subsystem

6.3.5.4 三个子系统排名对比

如图6-15所示,将案例城市在三个子系统中的排名进行对比,绿色生产维度与绿色生活维度中,北京市、深圳市、广州市、合肥市、宁波市、南昌市、南京市、长春市、大连市、昆明市、石家庄市、太原市、银川市共13个城市的位次变化超过10名;其中绿色生产维度位次优于绿色生活维度的城市有北京市、深圳市、广州市、宁波市、南京市、长春市6个城市,这一组城市可以通过完善市政基础设施建设,改进居民绿色生活方式,提升道路交通系统等方式提高绿色生活质量,促进绿色城市建设;绿色生活维度位次优于绿色生产维度的城市有合肥市、南昌市、大连市、昆明市、石家庄市、太原市、银川市 7 个城市,这一组城市可以通过优化产业格局,提高能源效率等方式,提升绿色生产质量,进行城市绿色转型。

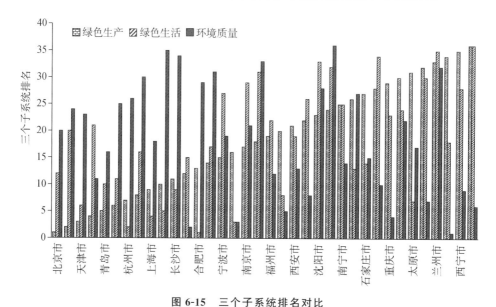

图 6-15　三个子系统排名对比

Fig.6-15　Ranking comparison of three subsystems

　　绿色生产维度与环境质量维度中有 25 个城市的位次变化超过 10 名。其中绿色生产维度位次优于环境质量维度的城市有北京市、深圳市、天津市、青岛市、成都市、武汉市、上海市、济南市、长沙市、合肥市、郑州市、长春市、哈尔滨市 13 个城市,这一组城市的开发密度较高,生产体系较为成熟,但是环境问题较为严重,城市的资源承载力有下降趋势,可通过改变经济增长模式,提高增长质量的方式,减少对资源环境的破坏,从而促进绿色城市的建设;环境质量维度位次优于绿色生产维度的城市有南昌市、大连市、海口市、南宁市、乌鲁木齐市、重庆市、贵阳市、太原市、呼和浩特市、银川市、西宁市、拉萨市共 12 个城市,这一组城市可通过调整产业结构,加大第三产业、高新技术产业的占比,扩大和外界的合作等方式促进绿色城市建设。

　　绿色生活维度与环境质量维度中有 20 个城市的位次变化超过 10 名,其中绿色生活维度位次优于环境质量维度的城市有天津市、青岛市、成都市、杭州市、武汉市、上海市、济南市、长沙市、合肥市、郑州市 10 个城市,这一组城市生活方式相对绿色,但环境质量相对较差,需要加强生态文明建设;环境质量维度位次优于绿色生活维度的城市有厦门市、福州市、海口市、南宁市、乌鲁木齐市、重庆市、呼和浩特市、银川市、西宁市、拉萨市 10 个城市,这一组城市生态环境相对较好,可通过倡导居民进行低碳生活和消费,改变居民生活方式,提高生活资源利用效率,增加节能设施,如节能建筑、绿色交通系统等方式促进绿色城市建设。

6.4 基于分区分类的熵权法绿色城市评价结果

根据表 5-9 所列的权重计算对应的样本城市绿色得分,然后进行排序,可以发现北京市、大连市和广州市分列绿色城市的前三名(表 6-15),郑州市、兰州市和哈尔滨市分列绿色城市的最后三名。有 8 个城市绿色得分超过 60 分,有 6 个城市绿色得分低于 50 分,大多数城市的得分在 50~60 分之间。

表 6-15 基于分区分类的熵权法计算所得的案例城市排名

Tab.6-15 Ranking of sample cities obtained from the entropy weight method based on partition classification

排名	城市	得分	排名	城市	得分
1	北京市	66.89	19	武汉市	54.41
2	大连市	65.76	20	西安市	54.38
3	广州市	65.05	21	南宁市	53.94
4	深圳市	64.27	22	济南市	53.42
5	杭州市	64.20	23	贵阳市	53.38
6	上海市	62.88	24	长沙市	53.21
7	厦门市	62.24	25	乌鲁木齐市	52.85
8	天津市	61.82	26	西宁市	52.77
9	青岛市	59.53	27	石家庄市	52.54
10	宁波市	59.32	28	银川市	52.34
11	重庆市	58.36	29	太原市	51.93
12	南昌市	58.18	30	拉萨市	51.64
13	福州市	58.08	31	呼和浩特市	49.36
14	海口市	57.53	32	沈阳市	47.84
15	合肥市	57.10	33	长春市	46.71
16	南京市	56.36	34	郑州市	44.82
17	昆明市	56.33	35	兰州市	39.22
18	成都市	55.33	36	哈尔滨市	37.07

对比表 5-4 可以发现:①排名第 1 至 6 位的城市都属于高度城市化和优化开发区;②厦门市和南昌市在高度城市化和重点开发区的城市中分别排名第一、第二位,而且厦门在总排名中高居第七;③重庆市总排名第十二,在重度城市化和重点开发区的城市中排名第一;④青岛属于中度城市化和优化开发区,排名高居第十。

对于同一种类型的城市,比如高度城市化和优化开发区,排名的高低除了指标数据上的表现外,主要还是依赖于熵权所决定的权重分布。也就是说,某城市在熵权重高的指标上表现突出,那么它就更容易拉开与其他城市的得分差,从而获得本类型城市的高排名。由于我们选取的是 30 个指标,平均权重约为 0.033 3,那么可以认为超过 0.05 的权重就是重要权重,所对应的指标就是重要指标。从图 6-16 可以看出(黑色柱子),绿色生产的单位面积建设用地经济产出,绿色

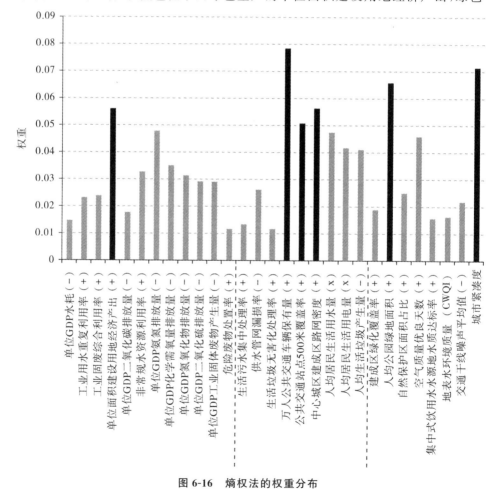

图 6-16 熵权法的权重分布

Fig. 6-16 Weight distribution of the entropy weight method

注:[(+)、(−)、(x)分别表示指标越大越优、越小越优、指标需要适宜值,(CWQI)表征地表水环境质量]。

生活的万人公共交通车辆保有量、公共交通站点 500 米覆盖率和中心城区建成区路网密度,环境质量的人均公园绿地面积、城市紧凑度是拉开分差的重要指标,样本城市在这些指标上的表现差距较大。

对于不同的城市类型(表 5-9 列出了 12 种城市类型),应该找准自己的定位,突出重点才能够在绿色得分上取得高分,较典型的代表就是厦门、青岛和重庆。比如高度城市化和重点开发区,从表 5-9 可以看出,这类城市要取得高分就更应该偏重环境质量指标,兼顾绿色生活指标,厦门在这两方面都做得十分出色,因此排名就十分突出。又如沈阳市,它属于高度城市化和优化开发区,这类城市要取得高分在绿色生活指标上需要有好的表现,但是沈阳偏重于绿色生产,而绿色生活和环境质量的表现较低,比不上同类型的其他城市,反过来又拖累了绿色生产的得分,因此得分很低。

6.5 三种方法的对比

通过对比三种方法可以看出,三种方法的排名有一定的相似度,尤其是阈值法和熵权法。阈值法排名前三的分别是大连、广州和北京;双标杆法排名前三的是厦门、南昌和北京;基于分区分类的熵权法排名前三的是北京、大连和广州。三者的具体区别如下:

(1)数据量方面

三种方法需要的三级指标数据相同,但是基于分区分类的熵权法还需要主体功能区划和城市化率方面的数据,而且要求的数据精度比较高,因为最终的权重与原始数据关系极为密切。

(2)计算效率方面

阈值法较为简单,双标杆法中等,基于分区分类的熵权法计算较为复杂,需要按不同的分区分类分别计算。

(3)权重方面

阈值法是等权重计算得分,双标杆法是基于标准计算权重,而基于分区分类的熵权法需要计算出每一个三级指标的权重才能够计算得分,也就是说每一个三级指标的权重都不相同,而且所得的权重完全依赖原始数据,主观方面只能调整分区分类的权重,无法调整熵权法计算所得出的权重。

(4)结果方面

阈值法结果简单直观,易于设定等级进行分析,适用于初步的排名;双标杆法的结果与其他两者差距较大,容易与国际其他城市的标准比较;基于分区分类的熵权法得到的结果主要是用于横向比较,比较容易发现城市发展的关注点,但是不太合适设置等级,而且如果加入更多的城市,原有的排名可能会有所变化。

6.6 结论与建议

有学者提出应对处于不同城市发展阶段和拥有不同历史背景的城市区别比较,该方法能放大同类型城市之间的差异,也能客观评价不同类型城市之间的差距[3]。例如,张伟等(2014)利用组合式动态评价法[4],通过区域生态背景、城市演化阶段和城市综合状态 3 个维度进行生态城市的建设类型划分和评价体系的构建。本研究也强调区域差异性对指标体系的影响,基于绿色生产、生活和环境 3 个方面构建城市分类指标体系和绿色城市评价指标体系。但也有研究认为社会、经济和自然 3 个子系统难以充分体现城市作为生态系统的特征,因此从城市生态系统的结构、功能和协调度 3 个方面进行指标体系构建[5]。本研究与已有研究相比,主要在城市分类和绿色城市指标选取及组合评价等方面进行改进,提供一种绿色城市指标体系构建的新思路和新方法,旨在解决社会、经济发展与环境之间的矛盾,符合绿色城市建设、评估和管理的要求,与城市的建设基础和发展特征更加契合。但在理论指导实践的过程中,要根据实际情况灵活运用。

在城市分类指标选取方面,不同的分类指标会影响到城市分类结果,进而影响到绿色城市指标体系。因此,如何科学合理地选择城市分类指标是研究的重点和难点。本研究从不同角度出发设置反映城市本底、资源、基础条件的指标,可选择反映质量或效率性的指标,从多方面最大程度上体现城市之间的差异性和建设基础的不同。城市水体和土壤现状对于城市环境背景非常重要,可利用"地表水达到或好于Ⅲ类水体比例"和"重要江河湖泊水功能区水质达标率"表征城市的水体环境状况,利用"受污染土壤面积占国土面积比例"和"受污染地块安全利用率"表征城市的土壤污染状况[6],但是通过搜集数据和查阅文献发现,该类指标数据多来源于非统计局发布数据,有较多城市仍处于未公开状态,难以获取全国 288 个城市的数据,因此没有作为关键指标参与城市分类。另外,造成城市水体和土壤污染的原因主要包括工业生产过程中排放的废水和废渣,农业生产过程中使用的化肥和农药,以及城市生活废水和垃圾等,相关指标"污水集中处理率"和"生活垃圾无害化处理率"等在城市分类指标体系中已有体现,也在一定程度上表征了城市的环境背景。在城市分类方法上,运用 SOFM 神经网络减少了主观因素对分类结果的影响[7]。为深入了解城市分类结果的合理性和公众的满意度,2017 年 10 月,对分类结果进行了问卷调查,共发放 1405 份电子问卷,其中有效问卷 1008 份,覆盖全国 31 个省(区、市)。被调查者分别对生活所在的城市生产、生活和环境三个方面和组合类型分类结果进行评价,分为非常满意、满意、一般和不满意 4 个类别,其中 26 种组合类型分类结果中非常满意和满意的比例占 75.39%。我们对问卷的意见进行整理归纳,并讨论处理。采纳了部分对城市分类指标具有建设性的意见,如"指标的定义要规范""选取的指标要具有统一性,与国际接轨""指标要尽量少体现总量,多体现人均"等。有问卷提出"城市分类指标要包括人文环境、历史文化等方面",本研究进行城市分类的目的是为绿色城市指标体系服务,关注点是"绿色",而非"城市",所以该类意见不采纳。有问卷提出"增加城市水体、土壤方面的分类指标",由于城市水体、土壤和声环境污染受周围小范围人类活动影响严重,且以城市为单元的全国数据难以获取,因此不予采纳。另外,由于城市是不断发展变化的,在实践过程中要应根据最新数据进行城市分类的动态调整,也可避免传统静态指标体系失效的问题。

在绿色城市评价指标遴选和区分方面,除考虑 SMART 原则外,在不同类型城市之间选择符合城市的建设基础和发展特征的指标,设置合理的指标权重和衡量标杆也应纳入考虑。在评价实际操作过程中,根据城市分类的结果,同类型的城市选取相同的指标和标杆进行评估比较,即建设基础较好的城市设置较高的指标要求,满足其较高的发展需求,反之,达到基础指标要求即可。最终可达到区域差异化的目的,使构建的绿色城市指标体系不仅适用于全国不同类型城市,而且不同组合类型的城市之间评估结果也具有可比性。此外,根据指标系统应用目的,如城市自我评价或多城市统一评价,从数据和衡量标杆的可获取性考虑,可适当将理念较先进的指标替换为能一定程度上反映真实情况且拥有数据来源的指标,如绿色交通领域可使用"万人轨道交通长度"等。最后,由于绿色城市建设最终目的是服务当地居民,居民的主观感受应该成为判断城市发展状态的一个侧面,因此,如《绿色城市评价指标(征求意见稿)》和《绿色发展指标体系》等指标体系中提出的"公众对环境质量满意程度""环境保护宣传教育普及率"和"生态环境事件"等主观调查指标,在有条件的情况下,应积极开展利益相关者的主观意见收集,但本研究应用目的是多城市统一评价,故而考虑到数据获取难度和误差,没有选用此类指标,以此增加评价结果之间的可比性。本指标体系充分体现了不同类型城市的建设基础和发展需求,为绿色城市指标体系构建提供了新思路和新方法,兼具理论创新和实践价值。

参考文献

[1]马维晨.中国主要城市绿色发展评价及方法对比[D].北京:中国科学院大学,2018.

[2]朱美宁,李晨菁,巩妮.基于地理区划的中国七大区近十年来 FDI 地域结构特征[J].经济研究导刊,2017(23):81-83.

[3]TANGUAY GA,RAJAONSON J,LEFEBVRE JF,et al. Measuring the sustainability of cities:An analysis of the use of local indicators[J]. Ecological Indicators,2010,10(2):407-418.

[4]张伟,张宏业,王丽娟,等.生态城市建设评价指标体系构建的新方法——组合式动态评价法[J].生态学报,2014,34(16):4766-4774.

[5]宋永昌,戚仁海,由文辉,等.生态城市的指标体系与评价方法[J].城市环境与城市生态,1999,12(5):16-19.

[6]国家发展和改革委员会.绿色发展指标体系[EB/OL].[2018-03-26].http://www.ndrc.gov.cn/gzdt/201612/t20161222_832304.html.

[7]刘娅,朱文博,韩雅,等.基于 SOFM 神经网络的京津冀地区水源涵养功能分区[J].环境科学研究,2015,28(03):369-376.

第七章
典型绿色城市分析

　　本研究中的城市功能区划与城市化率的分区分类方法,可将我国城市按照各自的主体功能区定位与城市化率分为 12 个类别,案例城市中的 36 个城市共覆盖到了 12 个类别中的 5 种(表 5-4)。本章通过对不同类型典型城市的深入对比分析,探究典型城市的绿色发展的制约因素,尝试提出相关建议,从而促进我国绿色城市的建设与发展。

7.1　高度城市化优化开发区

　　案例城市中共有 10 个城市为高度城市化优化开发区类别,分别是北京市、天津市、沈阳市、大连市、上海市、南京市、杭州市、宁波市、广州市、深圳市,本节选取了北京市、深圳市、沈阳市作为典型城市进行深入研究。各案例城市的简介均来自百度百科和维基百科网站上相关城市的资料。

　　(1)北京市

　　北京,简称"京",古称燕京、北平,是中华人民共和国的首都、直辖市、国家中心城市、超大城市,国务院批复确定的中国政治中心、文化中心、国际交往中心、科技创新中心。截至 2020 年,全市下辖 16 个区,总面积 16 410.54 平方千米,常住人口为 2 189.31 万人。北京是世界著名古都和现代化国际城市,也是中国第三产业最发达的省级行政区,具有较高的国际影响力。

　　如图 7-1 所示,北京市作为我国的首都城市,在绿色城市建设方面发展较为均衡,案例城市中排名第三,在 10 个高度城市化优化开发区城市中排名第一、华北地区的城市中同样排名第一。

　　三个子系统中,绿色生产维度位列第一,得分为 82.17,由于 GDP 总量很高,北京市在与单位 GDP 相关的四类污染源排放指标中均接近满分,仅工业固体废物综合利用率(GP$_3$)这项指标得分较低;绿色生活维度位列第十二,得分为69.72,其中人均生活垃圾产生量指标(GL$_9$)得分较低;环境质量维度位列第十九,得分为72.76,其中自然保护区面积占比(EE$_4$)、空气质量优良天数(EE$_5$)两项指标得分较低。因此,北京市需加大力度建设城市绿化环境,增加城市绿化覆盖率,从而提高空气质量,同时倡导居民绿色消费,提高环境意识,减少生活垃圾和污染气体的排放。

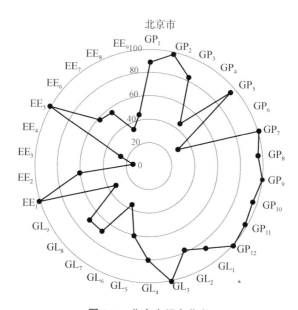

图 7-1　北京市绿色指数

Fig.7-1　Green index of Beijing City

(2)深圳市

深圳,简称"深",别称鹏城,是广东省副省级市,国家计划单列市,超大城市,国务院批复确定的中国经济特区、全国性经济中心城市、国际化城市、科技创新中心、区域金融中心、商贸物流中心,是粤港澳大湾区四大中心城市之一。全市下辖 9 个行政区和 1 个新区,总面积 1 997.47 平方千米,建成区面积 927.96 平方千米,2020 年常住人口为 17 560 061 人。高新技术产业、现代物流业、金融服务业以及文化产业是深圳努力发展的四大支柱产业。

如图 7-2 所示,深圳市是我国改革开放后成立的第一个经济特区,是我国首个城市化率达到 100% 的城市,社会、经济发展水平较高,案例城市中排名第九,在 10 个高度城市化优化开发区城市中排名第五,在华南地区的城市中排名第一。

三个子系统中,深圳市绿色生产维度仅低于北京市,位列第二,得分为81.07,与单位 GDP 相关的四类污染源排放指标均为满分,但工业用水重复利用率(GP$_2$)为 0 分,同时单位 GDP 水耗(GP$_1$)偏高;绿色生活维度位列第二十,得分为 64.98,供水管网漏损率(GL$_2$)、人均居民生活用电量(GL$_8$)与人均生活垃圾产生量(GL$_9$)得分较低;环境质量维度位列第二十四,得分为 70.66,地表水环境质量(EE$_7$)为 0 分。因此,深圳市需着力加强水资源的监督治理,提高用水资源利用效率,通过完善基础设施来减少水资源的浪费。

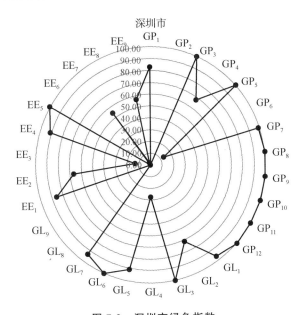

图 7-2　深圳市绿色指数

Fig.7-2　Green index of Shenzhen City

(3)沈阳市

沈阳,古称奉天、盛京,辽宁省省会、副省级市、特大城市、沈阳都市圈核心城市,国务院批复确定的中国东北地区的中心城市、中国重要的工业基地和先进装备制造业基地。截至 2021 年,全市总面积 12 860 平方千米,2020 年常住人口为9 070 093 人。沈阳地处中国东北地区南部、辽宁中部,是东北地区政治、经济、文化和商业贸易中心,长三角、珠三角、京津冀通往关东地区的综合交通枢纽和一带一路向东北亚、东南亚延伸的重要节点,以重工业装备制造著名,被誉为"共和国装备部"。

如图 7-3 所示,沈阳市是以装备制造业为主的重工业基地,是我国东北地区的中心城市,案例城市中排在后 3 名,在 10 个高度城市化优化开发区城市中排名最后一位,在东北地区的城市排位中仅高于哈尔滨。三个子系统中,绿色生产维度位列第二十三,得分为 59.50,单位 GDP 氨氮排放量(GP_7)与单位 GDP 化学需氧量排放量(GP_8)的排放较高;绿色生活维度位列第三十三,得分为 54.42,各指标得分均较低,供水管网漏损率(GL_2)得分为 0 分;环境质量维度位列 31 名,得分为 66.82,生物丰度指数(EE_3)、自然保护区面积占比(EE_4)与交通干线噪声平均值得分较低。因此,沈阳市需加大力度进行节能减排工作,优化产业结构,鼓励第三产业与高新技术产业的发展,对高能耗、高排放的企业实施监督,同时应提高市政基础设施建设,改善人居生活质量。

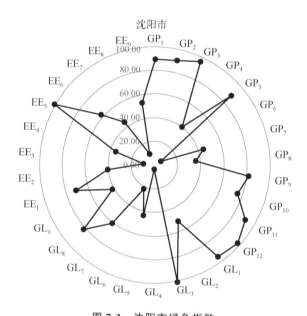

图 7-3　沈阳市绿色指数

Fig.7-3　Green index of Shenyang City

7.2　高度城市化重点开发区

案例城市中共有 14 个城市为高度城市化重点开发区类别,分别是太原市、合肥市、厦门市、武汉市、长沙市、南昌市、海口市、成都市、贵阳市、昆明市、西安市、兰州市、银川市、乌鲁木齐市,本节选取了厦门市、银川市作为典型城市进行深入研究。

（1）厦门市

厦门，简称"厦"或"鹭"，别称鹭岛，福建省辖地级市、副省级市、计划单列市，国务院批复确定的中国经济特区，东南沿海重要的中心城市、港口及风景旅游城市。截至 2020 年，厦门市全市下辖 6 个区，总面积 1 700.61 平方千米，建成区面积 397.84 平方千米。厦门市常住人口为 5 163 970 人。2021 年，厦门市实现地区生产总值 7 033.89 亿元。厦门地处中国华东地区、福建东南部，与金门隔海相望，是重要的对台合作交流基地。电子工业、机械工业和化工工业是厦门市的三大支柱产业。

如图 7-4 所示，厦门市是我国的计划单列市与经济特区，36 个案例城市评价结果中位列第一。三个子系统中，绿色生产维度位列第十二，得分为 69.99，单位 GDP 水耗（GP_1）得分较低；绿色生活维度位列第十五，得分为 67.96，中心城区建成区路网密度（GL_6）、建成区绿化覆盖率（EE_1）都得到满分，但人均生活垃圾产生量得分较低；环境质量维度位列第三，得分为 84.55，多项指标接近满分，无明显拉分指标。厦门市的绿色城市建设较为平衡，因此综合得分第一名，可为其他城市提供参考，未来发展可通过提高水资源利用率与第二产业能源效率的方式优化绿色城市建设。

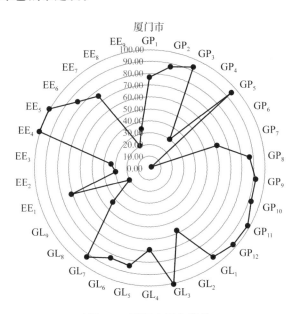

图 7-4 厦门市绿色指数

Fig.7-4 Green index of Xiamen City

（2）银川市

银川,简称"银",是宁夏回族自治区的首府,国务院批复确定的中国西北地区重要的中心城市,面积 9 025.38 平方千米;2020 年银川市常住人口为 2 859 074 人。银川地处中国西北地区,是古丝绸之路商贸重镇,宁夏的军事、政治、经济、文化、科研、交通和金融中心,是国家向西开放的窗口。银川平原土壤肥沃,灌溉方便,其永宁县、贺兰县是国家级商品粮生产基地。

如图 7-5 所示,银川市在案例城市评价中位列第三十,在 14 个高度城市化重点开发区城市中排名第十一,在西北地区的城市中排名第二。三个子系统中,绿色生产维度位列第三十四,得分为 28.68,其中有 6 个指标得到 0 分;绿色生活维度位列 18 名,得分为 65.43,中心城区建成区路网密度(GL₆)得分较低;环境质量维度位列第一,得分为 85.80,多项指标接近满分。银川市的绿色城市建设极不均衡,生产维度与生态维度存在着巨大差距,需加大力度提高经济、社会的发展水平,可以通过开展现代服务业的建设,同时引进高新技术产业、新技术、新设备等方式促进其 GDP 的增长。

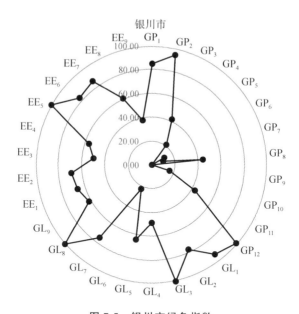

图 7-5　银川市绿色指数
Fig.7-5　Green index of Yinchuan City

7.3　中度城市化优化开发区

　　案例城市中青岛市与济南市属于中度城市化优化开发城市,本节对其进行分析。

　　(1)济南市

　　济南,别称泉城,山东省省会城市,国务院批复确定的环渤海地区南翼的中心城市。截至2019年,全市总面积10 244.45平方千米,建成区面积760.6平方千米。2020年济南市常住人口为9 202 432人。济南北邻黄河,南依泰山,因境内泉水众多,拥有七十二名泉,故称泉城。济南以电子信息、交通设备、家用电器、机械制造、生物工程、纺织服装等六大产业为主导,重轻工业发展态势良好。

　　如图7-6所示,济南市是我国的环渤海地区南翼的中心城市,案例城市中排名第十七,在华东地区城市中排名第八。三个子系统中,绿色生产维度位列第十,得分为72.47,单位GDP二氧化碳的排放量(GP_5)与二氧化硫的排放量(GP_{10})得分较低;绿色生活维度位列第五名,得分为72.94,公共交通站点500米覆盖率(GL_5)与中心城区建成区路网密度(GL_6)得分较低;环境质量维度位列第三十五,得分为59.84,自然保护区面积占比(EE_4)、空气质量优良天数

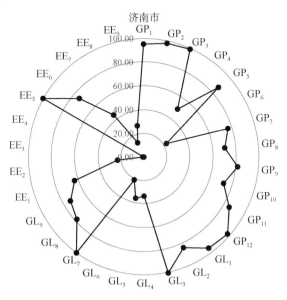

图7-6　济南市绿色指数

Fig.7-6　Green index of Jinan City

（EE$_5$）、交通干线噪声平均值（EE$_8$）等指标的得分较低。济南市的绿色发展极为不均衡，环境质量维度是明显的拉分项，需着力生态环境的保护，减少对自然资源的破坏，要保证自然的污染净化处理系统，同时还应提高环境污染处理水平，通过自然和人工两种环境处理方式来改善空气质量，提高生态环境质量。

（2）青岛市

青岛，山东省辖地级市、副省级市、计划单列市、特大城市，国务院批复确定的中国沿海重要中心城市和滨海度假旅游城市、国际性港口城市。截至 2019年，全市下辖 7 个区、代管 3 个县级市，建成区面积 758.16 平方千米。区域总面积 11 293 平方千米，2020 年常住人口为 10 071 722 人。青岛是中国东部重要的经济、文化中心，国际海滨旅游度假胜地，是国家海洋科研和海洋产业开发中心城市，国家重要的现代化制造业及高新技术产业基地。

如图 7-7 所示，青岛市是我国的计划单列市，案例城市中排名第八，在华东地区城市中排名第四。三个子系统中，绿色生产维度位列第五，得分为 76.22，非常规水资源利用率（GP$_6$）得分相对较低；绿色生活维度位列第十，得分为70.29，人均居民生活用水量（GL$_7$）得分较低；环境质量维度位列第二十二，得分为 71.01，生物丰度指数（EE$_3$）与自然保护区面积占比（EE$_4$）得分较低。青岛市的绿色城市建设相对均衡，今后可通过完善城市基础设施建设，倡导居民节约用水，提升节水意识，来减少水资源的浪费。

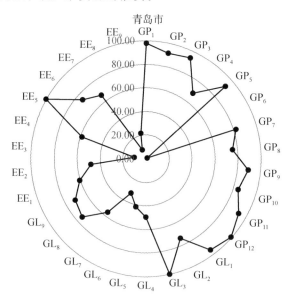

图 7-7 青岛市绿色指数

Fig.7-7 Green index of Qingdao City

7.4 中度城市化重点开发区

案例城市中共有 8 个城市为中度城市化重点开发区类别,分别是福州市、重庆市、郑州市、南宁市、石家庄市、呼和浩特市、长春市、西宁市,本节选取了福州市、西宁市作为典型城市进行深入研究。

(1)福州市

福州市,简称"榕",是福建省省会、福州都市圈核心城市,国务院批复确定的海峡西岸经济区中心城市之一。截至 2020 年年底,全市总面积 11 968 平方千米,建成区面积 416 平方千米,常住人口为 842 万人。福州地处福建东部的闽江下游及沿海地区,是中国东南沿海重要都市、首批对外开放的沿海开放城市、海洋经济发展示范区,海上丝绸之路门户以及中国(福建)自由贸易试验区组成部分;是近代中国最早开放的五个通商口岸之一。

如图 7-8 所示,福州市是福建省的省会城市,案例城市中排名第十三,在 8 个中度城市化重点开发区城市中排名第一,在华东地区城市中排名第七。三个子系统中,绿色生产维度位列第十九,得分为 64.74,单位 GDP 水耗(GP₁)得分

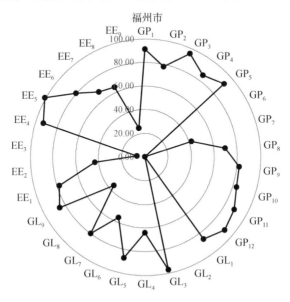

图 7-8 福州市绿色指数

Fig.7-8 Green index of Fuzhou City

相对较低;绿色生活维度位列第二十二,得分为 64.58,供水管网漏损率(GL_2)得分为 0;环境质量维度位列第九,得分为 77.85,建成区绿化覆盖率(EE_1)与集中式饮用水水源地水质达标率(EE_6)两项指标得到满分。福州市绿色城市建设较为均衡,但是存在水资源浪费现象,需对城市供水系统进行完善来减少浪费,同时倡导居民绿色生活方式,减少对自然资源的过度利用。

（2）西宁市

西宁,青海省辖地级市、省会,是国务院批复确定的中国西北地区重要的中心城市。截至 2019 年,全市下辖 5 个区、2 个县,总面积 7 660 平方千米。2020年常住人口为 246.80 万人。西宁地处中国西北地区、青海省东部,是青藏高原的东方门户,古"丝绸之路"南路和"唐蕃古道"的必经之地,自古就是西北交通要道和军事重地,素有"西海锁钥""海藏咽喉"之称,是世界高海拔城市之一,青海省的政治、经济、科教、文化、交通和通信中心,也是国务院确定的内陆开放城市。

如图 7-9 所示,西宁市是青海省的省会城市,案例城市中排名第三十三,在 8个中度城市化重点开发区城市中排名最后一位,在西北地区城市中排名第四。三个子系统中,绿色生产维度位列第三十五,得分仅为 28.23,仅工业用水重复利用率(GP_2)与工业固体废物综合利用率(GP_3)达到标准,其他指标均未及格,

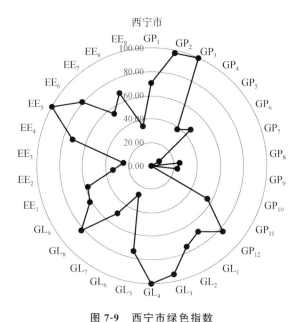

图 7-9 西宁市绿色指数

Fig.7-9 Green index of Xining City

且多项指标得分为 0;绿色生活维度位列第二十八,得分为 60.73,中心城区建成区路网密度(GL_6)与人均居民生活用水量(GL_7)得分较低;环境质量维度位列第十,得分为 77.84,指标得分较为均衡。西宁市与银川市类似,同属于西北地区,城市绿色发展极不均衡[1],生产维度与生态维度相差巨大,需着重于经济建设工作,可重点开发旅游业,提升城市产值,改变经济结构。

7.5 低度城市化重点开发区

案例城市中哈尔滨市与拉萨市属于低度城市化重点开发城市,本节对其评价结果进行分析。

(1)哈尔滨市

哈尔滨,简称"哈",别称冰城,是黑龙江省省会、中国最北部的省会城市,是中国东北地区重要的中心城市,国家重要的制造业基地;其位于东北亚中心位置,是欧亚大陆桥和空中走廊的重要枢纽,是国家战略定位的沿边开发开放中心城市、东北亚区域中心城市及对俄合作中心城市。截至 2020 年年底,全市总面积 53 100 平方千米,建成区面积 493.77 平方千米,常住人口为 1 000.99 万人。

如图 7-10 所示,哈尔滨市是黑龙江省的省会城市,案例城市中排名第三十

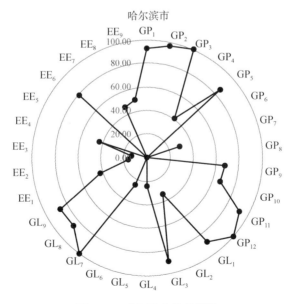

图 7-10 哈尔滨市绿色指数

Fig.7-10 Green index of Harbin City

五位,在东北地区城市中排名最后一位。三个子系统中,绿色生产维度位列第二十四,得分为58.10,单位 GDP 相关的四类污染源排放指标得分较低;绿色生活维度位列第三十二,得分为54.64,公共交通站点500米覆盖率(GL_5)得分为0;环境质量维度位列最后一名,得分为57.39,人均公园绿地面积(EE_2)、自然保护区面积占比(EE_4)、空气质量优良天数(EE_5)等指标的得分较低。哈尔滨市的绿色发展相对落后,三个维度的排名均十分靠后,和沈阳一样,哈尔滨作为东北老工业基地,需要调整产业结构,扩大与外界的合作,可以推广旅游业与服务业的发展,由于冬季漫长,集中供暖系统带来的能耗与排放较大,可选择其他高效清洁能源代替,同时,可种植抗寒耐冻植物,以保证城市的绿化建设。

(2)拉萨市

拉萨,别称逻些、日光城,西藏自治区辖地级市、首府,是国务院批复确定的中国具有雪域高原和民族特色的国际旅游城市。全市总面积31 662平方千米,建成区面积82.82平方千米;2020年拉萨市常住人口为86.789 1万人。拉萨地处中国西南地区、西藏高原中部、喜马拉雅山脉北侧、雅鲁藏布江支流拉萨河中游河谷平原,是西藏的政治、经济、文化和科教中心,也是藏传佛教圣地。拉萨海拔3 650米,全年多晴朗天气,全年日照时间在3 000小时以上,素有"日光城"的美誉。拉萨市域内蕴藏着丰富的各类资源,相对于全国和自治区其他地市,具有较明显的资源优势。

如图7-11所示,拉萨市是地处高原的西部城市,案例城市中排名第二十五,在西南地区城市中排名第四。三个子系统中,绿色生产维度位列最后一名,得分仅为22.69,除单位 GDP 二氧化碳排放量(GP_5)与单位 GDP 二氧化硫排放量(GP_{10})两项指标达标,其他指标均低于标杆值,且多个指标低于得分下限为0分;绿色生活维度同样位列最后一名,得分仅为41.98,除万人公共交通车辆保有量(GL_4)达到100分,其他指标得分均较低;但拉萨市的环境质量维度位列第七,得分为80.54,除人均公园绿地面积(EE_2)与交通干线噪声平均值(EE_8)得分相对较低,其他指标得分均高于平均分。由于拉萨市属于低度城市化重点开发区,环境质量维度的权重为0.67,尽管绿色生产维度与绿色生活维度排名最后,但综合排名为第二十五。拉萨市的绿色城市建设依然极不均衡,需着重提高社会、经济的发展水平,避免粗放式的发展模式,优化旅游业的发展,提高城市产值总量,同时还应该加速城市化进程,增加人才的引进,增加高新技术产业的占比。

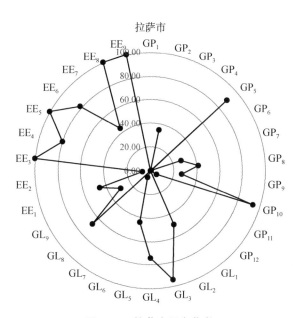

图 7-11 拉萨市绿色指数

Fig.7-11 Green index of Lhasa City

参考文献

FAN Y，FANG C. Evolution process analysis of urban metabolic patterns and sustainability assessment in western China，a case study of Xining city［J］. Ecological Indicators，2019：109.

第八章

结论与展望

　　本研究结合现有研究成果,对我国城市的绿色发展状况进行深入分析。基于绿色发展理念与指标构建原则,从生产、生活、生态三维度构建了符合我国城市发展规律的绿色城市评价指标体系,并设置特定向指标。结合主体功能区与城市化阶段的城市分类方法,提出了一种主客观相结合的赋权方法,为指标体系设立了针对不同类型城市的权重系数。基于对全国大多数城市评价的目的,建立了双标杆法,明确了各指标的得分上限与得分下限,提升了指标体系的稳定性。通过对我国 36 个城市的绿色发展水平进行评估,并结合城市地理分区,揭示了我国绿色城市的发展规律。本研究主要结论概括为以下几个方面。

8.1　主要结论

8.1.1　我国绿色城市评价指标体系的构建

　　通过文献分析研究国内外具有代表性的绿色城市评价指标体系,结合目前我国绿色城市评价的技术与方法,依据不同类型的绿色城市发展水平与特点,从绿色生产、绿色生活、环境质量三个维度研究并发散为 11 个二级指标,再从这11 个二级指标构建了由 30 个具体指标组成的绿色城市评价指标体系。本研究的指标体系所选取的指标均是定量指标,是国内外公认且常见的指标,具有明确的定义、范围及计算方法,具有较高的实用性与数据可获取性,同时也是相关领域最具有代表性的、涵盖信息量最大的指标,尽量做到各指标间的相互独立,避免指标内涵之间的相互重合,并且还结合了多源大数据的指标,增加了数据的可获取性。指标体系中还包含了特定向指标,体现了绿色城市的以人为本的思路,突出了绿色城市的服务性与宜居性。

8.1.2 绿色城市分类方法

本研究提出了基于主体功能与城市化率的主客观相结合的权重分配方法，将我国城市按照主体功能分为优化开发、重点开发、限制开发、禁止开发四类区域，再根据城市化进程将城市分为高度城市化、中度城市化、低度城市化三个类型。通过专家打分法为这两种分区分类方法分别设立权重系数，最后将两种权重分配方式整合，得到了针对不同城市类型的 12 组综合权重系数。分类结果显示：案例城市共覆盖到了 12 个类别中的 5 种，有 10 个城市属于高度城市化优化开发区类别，以北京市、天津市、上海市、广州市、深圳市等大型城市为代表；14个城市属于高度城市化重点开发区类别，以厦门市、武汉市、长沙市、南昌市为代表；青岛市与济南市属于中度城市化优化开发城市；8 个城市属于中度城市化重点开发区类别，以福州市、重庆市、石家庄市、长春市、西宁市为代表；最后，哈尔滨市与拉萨市属于中度城市化优化开发城市。

8.1.3 城市绿色发展水平评价

本研究通过对传统方法的改进，建立了双标杆法，并为每个指标选取了适宜的标杆值，明确了每一个指标的得分上限与下限，通过对 36 个案例城市的绿色发展水平的评估最终得到各城市的绿色发展水平排名情况。结果显示，案例城市中无优秀级别，达到良好级别的城市为 16 个，级别为一般的城市有 8 个，级别为及格的城市有 9 个，级别为较差的城市有 3 个；城市的绿色生产水平自中部向外扩散呈现递减趋势，中东部地区城市的绿色生产水平普遍高于西部城市，其中华中地区的分数最高，西北地区分数最低；绿色生活水平自东南向西北呈现递减趋势，其中华东地区得分最高，西北与东北地区得分较低；而环境质量水平自西向外呈现递减趋势，其中西北与西南地区得分较高，华中与东北地区得分较低。环境质量维度排名优于其他维度的城市主要分布在西部地区，这类城市开发程度较低，社会、经济较为落后，需要大力发展经济提升产值；绿色生产与绿色生活维度排名优于环境质量维度的城市分布在中部地区的居多，需要优化产业模式，着重于生态资源的保护，减少对环境的破坏。我国城市的绿色发展水平不均衡现象十分严重，实现全面性的绿色城市发展依然需要努力。

8.2　创新点

本研究的创新点可体现在以下方面：

(1)指标的选取

从经济、社会、环境三个维度构建了绿色城市评价指标体系，指标体系与SDGs密切相关，可作为我国实现SDGs的度量手段与有效途径，并按照发展方向将指标分为正向、负向与特定向指标三类，指标体系还结合了多源大数据，具有较高的数据可获取性，较全面地反映了绿色城市的内涵。

(2)城市分区分类的权重设置

将我国城市按照主体功能与城市化进程分为12个类别，并分别设立权重系数，这种主客观相结合的方法更好地权衡了环境质量维度与另外两个维度的关系，实现了针对不同类型的城市的差异化评价与管理。

(3)双标杆法的应用

通过双标杆法明确了指标得分的上限与下限，增加了评价指标体系的稳定性，在应用方面，本研究基于标杆选取原则，分别为每个指标设立了标杆值，使得指标体系可以适用于全国大多数城市的评估考核。

(4)实证研究

案例城市选取了我国省会城市、直辖市以及计划单列市共36个城市作为案例城市，案例城市属于各省份各地区的先进城市，城市分布广，代表性强，符合我国城市的发展规律，提高了评价结果的科学性，并且对案例城市进行了区域分析，结合地理区划探究了城市在空间上的绿色发展规律。

8.3　建议与展望

本研究从三个维度构建了由30个定量指标组成且适用于我国城市发展规律的绿色城市评价指标体系，并且将我国城市按照主体功能与城市化进程分为12个类别，分别为不同类别的城市设立权重系数，对我国省会城市、直辖市以及计划单列市共36个城市进行了实证研究。

接下来的研究中，本研究提出一些展望：

(1)本研究的双标杆法，实现了各指标在得分区间上的可控性，未来可以尝试通过调整标杆值使绿色城市评价指标体系更具有灵活性。

（2）本研究中的指标体系，所选取的指标全部是定量指标，在未来的研究中可尝试结合主观的定性指标，通过定量、定性相结合的方式，探寻绿色城市的发展规律。

（3）本研究选取了 36 个最具有代表性的城市作为案例城市进行实证研究，在未来的研究中可以结合数据的可获取性，拓展到对全国范围内城市的绿色城市评价考核。